谈钱才不伤感情

李雅雯 —— 著

北京日报出版社

¥

目 录

PART 1

理自己的财,
却拿去填补家庭的洞

┌─ PART 2────────────────────────

家庭财务界线
引发的问题

└────────────────────────────

PART 3

如何设立与家人的
财务界线?

PART 4

理性与感性的
内在纠结

¥

序言
一开口就"爆雷"的话题，
深藏在每个家庭

"你滚！"他大吼，"自私的女人！"

"你给我滚！"他脸上肌肉抽动着，像受了伤似的，对我大吼，作势对我挥拳，"那是我哥！我不帮谁帮！谁帮啊！"

只要一提起这个话题，我先生就会突然咆哮，打破平静。

他的手握成拳头，捶向桌面，水杯"哐当"一声弹起来，筷子纷纷摔落在地上。我脸颊发烫，攥起了拳头，咬住了下唇，把手指戳进掌心。

这是我们不能说的秘密，这是我们不能提的过去；这是我和先生，最难、最挣扎的课题。

16年前，我跟男朋友决定结婚。我们双方父母都没有积蓄。婚宴、喜饼、金饰、喜帖……都靠自己。

那些年，我们还算努力，工作五六年，存了160万元*的结婚基金。

结婚前，他突然告诉我，哥哥欠了200万元的卡债，他要一肩扛起。这个突如其来的消息，像在我的喉咙里插了块玻璃。

假如帮忙还债，我们的家底就会被掏空。这是一场灾难，也是抉择的危机。我反对再反对，坚持再坚持，但最终还是搭上存款，掏空积蓄。

婚前，先生把哥哥的卡债转成自己的信贷。婚后，他一面还父母的房贷，一面还哥哥的卡债。我们婚后的财务压力陡然升高，我的内心煎熬无比。

背负家人的债务，让我们的信任感消磨殆尽。

---

* 编者注：该处指160万元新台币，约合37.5万元人民币。全书所有金钱数额的单位均为元新台币，新台币对人民币汇率约为0.23。

那些年，我跑来跑去，四处兼职；他努力工作，加班加薪……我们花更长的时间赚钱，也花更长的时间埋怨。

我常问他："为什么你要帮家人还钱？"

他总回答："只有我可以帮忙，我不帮就没人可以帮了！"

那些年的委屈、误解，在我们之间逐渐积聚、蔓延；这段过去，终于成为我们的地雷，只要一点火星，就炸得轰轰烈烈，火光四溅。

我们从没想过，除了长相、身高、性格之外，还有什么来自父母？

长大之后，我们一方面自认跟父母不一样；但另一方面，又发现自己跟父母的想法、观念，有深深的联系。

当我们越去探究，越觉得好奇。

父母铸造了我们的"硬件"，同时，也灌注了我们的"软件"。我们遗传了父母的身体特征，也继承了父母回应、思考、解决问题的模式。

正是我们内在的"软件"，塑造了我们的生活，打造了我们的人际关系。也正是这些回应、思考、解决问题的模式，让我们吵个不停：

我公公是一个农夫，淳朴、严谨，重视家庭，他认为帮助家人、互相支援是理所当然的事情。我妈妈是商人，叔叔有赌博恶习，而她认为帮助家人、填家人的财务坑洞，是非常危险的事情。

我继承了妈妈的"恐惧感"，我先生继承了公公的"道德感"，我们争吵、愤怒、彼此指责、退缩，一来一往，消磨了志气。但我们却从没想过，自己需要"觉醒"。

觉醒是全身心地去看、去回应、去给予。

面对与家人的财务纠葛，就像进入隧道。在隧道里，我们的视野会变得专注，而且清晰。

我们必须看清自己，理解自己，同时看清别人，理解别人，才能克服问题，携手同进。

理财不只是自己一个人的事，
也跟家人有关

坊间的理财书，不外乎三个重点：

1. 教你用力赚；

2. 教你省着花；

3. 教你聪明投资。

然而你会赚钱、会省钱、懂投资，就真能把钱存住、把财理好吗？事情有那么容易吗？假如你的先生要帮弟弟还债，你还存得住钱吗？假如你的妈妈提出增加你的孝亲费，你省得了吗？假如你的太太花钱无度，你留得下钱吗？更不要谈，若有一个好赌博的爸爸、不负责任的小姑、游手好闲的孩子。

面对家人，面对回应、想法、模式跟你不一样的"理财关系人"，我们该如何融入他们、理解他们，并且恰当地回应呢？

回应的时候，我们又该怎么思考、理解，更新自己的"软件"呢？

所有的秘诀，都藏在这本书里。

通过这本书，你会看清各种金钱障碍，包括"金钱圈"问题（弟弟欠卡债，我该帮他还吗）、金钱依赖（小姑离婚了，住在家里，让我付水电费）、金钱义务（公公一个月要拿5万元奉养金）、金钱性格（老婆太能花钱怎么办）、金钱蓝图（先生想这样过就满意了，我不满意）……与此同时，唤醒面对金钱问题的勇气。

看完这本书，你不会再怀疑，拒绝帮弟弟的自己是不是非常自私。同时，你会解开一代代流传下来的捆绑在父母、自己身上的层层信念，从而重视自己，更爱自己。这是英雄的行为。因为面对家庭的伤痛、金钱的缺陷、失败的关系，都需要勇气。

从某个角度看，当我们治愈自己，解开金钱死结，我们提升的绝不仅仅是自己的观念，还有子子孙孙的后代，都将要继承的"过去"。

这是一种精神的进化，也是一种财务的进化，而我希望通过这本书将你唤醒。

PART 1

理自己的财，
却拿去填补家庭的洞

¥

第 1 章

这是我的故事，或许让你觉得似曾相识

当我试图说出这段经历，我感到一阵抑郁。

我的朋友不知道，我的读者不知道，我的编辑也不知道，16 年前，我遭遇了一场来自家人的金钱勒索。这是一段非常痛苦、非常纠结的人生经历。

2003 年暑假，像是一场梦。我在那一年通过了博士学位入学申请，当上大学讲师，正在筹备婚礼。那时，我与我先生交往 8 年，终于要结婚了。一切顺风顺水。

8 月的一个晚上，深夜 11 点，一桶啤酒喝完了，我和未婚夫、两个还没醉倒的朋友，打算回宿舍休息。我推开大门，看见未婚夫弓着背，单膝跪地，手指僵硬地摸着自己的鞋带，满脸通红。

我们在暗淡的灯光中对视一眼，他的颧骨几乎要突出来，眼眶下全是黑眼圈，欲言又止。

"我哥被人骗了。"他低声说，"他欠了 200 万的卡债，还不出来，今天来找我借钱……"他停住了，喉咙哽噎着，忍住不在我面前哭出来。

我愣了一下，感到胸口里被塞了一大包碎冰块，一时之间，寒毛都竖起来了。

"200万？那怎么办？"我盯着马路的洼洞，觉得力气从双腿蒸发了。这不是2万元，而是200万元，这么大一笔债务，要还很多年。我一屁股坐在花圃的石台上。

"我不帮，就没人可以帮了。"他抬头恳切地望着我，麻木地挤出几个字，"不能不还。"

想到要和这笔债务纠缠不清，我开始无声地哭了起来，哭一会儿，说几句，再哭一会儿，再说几句。他蹲在那儿，单臂抱着膝盖，像被俘虏的士兵，表情木然，眼睛布满血丝，只是空洞地重复着：家里只有他有一点钱，他得还，他不得不还。于是我哽咽起来，开始啜泣。

"为什么要我们还啊！"我的恐惧化成声音，我怒吼，"谁欠的钱，不就应该谁还吗？"

他瞪大眼睛，愤怒得眼睛都充满泪水。"那是我哥。我不帮，谁帮？！"他边说边摇摇晃晃冲向车道。我抓住他，再次吼回去。

他跌跌撞撞爬上台阶，狠狠摔上车门，启动引擎，开始猛踩油门，冲了出去。

我呼喊他的名字，看着车子急速转过巷口。

那一晚，时钟像是停了下来。我蹲下来，大脑一阵昏沉，双腿开始发抖。我抱着膝盖，凝视着长长的斜坡，等着他从黑暗中回来。但过了一会儿，我开始变得非常害怕。

当时我并不知道，自己为什么这么激动、害怕。回想起来，当时的我应该是想起了我的妈妈——一辈子帮家人还债，被家人勒索的妈妈。她的头发快掉光了，却没存下一毛钱。

家人之间，不就应该互相支持、信任、协助吗?

外婆生了 7 个小孩，我妈妈是老大，负责养家。

妈妈 12 岁小学毕业，未成年就当上洗发店的学徒。她非常勤劳，从早到晚，不停帮客人洗头发。

妈妈不是公主，没有被呵护养大。结婚之后，命运也没有善待她。

爸爸的弟弟不会说话，找不到工作，几十年来，游手好闲，埋头赌博。

叔叔赌运不好，总想翻本。爸爸每个月的薪水，被他通通领走，拿去下注。爸爸工作 30 年的退休金，也被他以急难救助的借口，提领一空。

叔叔一拿到钱，转身就还赌债，还完赌债，继续再赌。二十几年，毫无收敛。

叔叔如果花完了我爸爸给的钱，还想翻本，就会找上门来，再跟妈妈要钱。

小时候，一年中总有十来次，叔叔会埋伏在我家门口，等妈妈拉开铁卷门，他就猛跳起来，用胳膊顶住铁门，拼命往上拉，哀号着死命往家里钻。

我亲眼看着，妈妈被撞倒了，没了鞋的那只脚在地板上一滑，仰面朝天躺在铁卷门下，然后一声闷响，叔叔咬牙切齿，用尽全力地用脚踹妈妈的头。我呆站着，看着他把脚收回去，向后撸了撸头发。

叔叔总会从妈妈的收银机里，抽走一沓沓钞票，拿去还赌债。好几个晚上，我亲眼看着妈妈瘫倒在地板上，双腿无知无觉地挪动着。我一脸茫然，我想不通，一个人没病没灾，怎么还会受这么多痛苦？妈妈有什么错呢？

都说爱是恒久的忍耐，但该忍多久？爱能改变我的叔叔，让他变得聪明、慈悲、幡然醒悟吗？爱一个人，关心一个人，难道不该得到快乐吗？

或许，未婚夫哥哥的卡债问题，让我在潜意识里，觉得自己变成了妈妈，也变成了爸爸。这件事情，让我时而理智，时而冷静，时而歇斯底里，只想大哭一场。

那天晚上，我绕着酒吧，走了一圈又一圈，等自己的情绪稳定。回到了宿舍，我下定决心，反抗到底。

接下来的三周，我和未婚夫的沟通稳定而持续地进行着。

但我们的通话时间越来越短，每一次都以激烈的争吵结束。

他坚持要帮哥哥还钱。

因为他始终相信家人就是要互相支持。在他的经验里，家人始终会帮助他、支持他，拥有紧密的联系。这跟他的成长背景有密切关系。

未婚夫是幺子，有三个哥哥和一个姐姐。他从小在乡下长大，抬头有星空，脚下是柔软潮湿的泥地，爸爸是农夫，妈妈是农妇，门前就是金黄色沉甸甸的稻穗。小时候，农忙结束，他们全家人会围坐在院子里，打稻谷、晒稻米，庆祝收成。在他的成长经验里，家人都是善良、美好的，能够照顾他。他的内心充满对家人的依恋、感激。即使他的大哥已经离家 10 年，跟家里疏离很多年，他仍然认为大哥有困难，一家人要互相协助、彼此支持。

在这种家庭背景下，他完全不能理解，我的心为什么这么冷酷？他哥哥只是一时糊涂，被人骗了，才会不断办出高利率的信用卡，债台高筑。他有能力，又年轻，我为什么不赞成他帮忙还债？家人之间，不就是互相支持、信任、协助吗？他不能理解，我为什么不对他家人伸出援手。

面对他的不谅解，我试图保持冷静。我慢慢地向他述说我的过去，努力不让自己讲得太急。

我强调叔叔的恶习——因为身体残障而自暴自弃，沉迷赌博。我还挑明一个不幸的事实：捅了娄子的人，如果不受到教训，会一直捅下去，如果有个会赚钱、有同情心的弟弟，情况会更糟糕。最后我告诉他，我们应当多问问别人，寻求朋友的建议，还要仔细讨论后，最后再做决定。

好几个晚上，他只是坐着，接着就陷入沉默。他不说话，让一切更像暴风雨的前夕。

有一天，我终于盼到他开口了，他的声音非常沙哑，喉咙像被擦伤了一样。

"我工作的目的，就是希望我身边的人、我的家人，都得到幸福。"他说。

"我们还年轻，现在辛苦一点，将来会变好的。"他抬头看了我一眼，眼眶开始泛红，"我家就只有我能帮，如果我都不管了，讨债公司去骚扰我爸妈，那怎么办呢？"

"你怎么知道他不会再犯？"我冲口而出，"让他再也不能办信用卡，不就再也不会被骗了？"

他坐着，陷入了沉思。

"他会改的，他会好好工作，慢慢还钱给我。"

我睁大了眼睛，目光往下看了一眼我放在他手上的手。接着，慢慢把手缩了回去。

那是头一次，我打算结束这段感情。他没错，我也没错，我们的婚事成了僵局。

一个月后，身边的亲朋好友，纷纷得到消息。

妈妈没出什么主意，她只是叹息着，说我的命跟她一样苦，这一辈子，注定纠缠下去。闺密警告我，遇到这种变故，如果我离开他、嫌弃他，就是落井下石，没有义气……我缩着身体，像破玩偶似的瘫在沙发上，听她们絮絮叨叨，发表建议。我以为自己能躲开妈妈的命运，好不容易长大成人，却发现，剧本荒唐。

两个月后，未婚夫扛起 200 万元的债务，以自己的名义贷了信用贷款，帮哥哥还清卡债。我们在婚前，积蓄归零。

2004 年 5 月，我们结婚了。婚礼上，我脸色惨白。

婚姻还没开始，我们夫妻俩就背上 200 万元的信用贷款。所有婚礼开支，包括金项链、金戒指、喜饼、喜糖都是借钱买的。每一分钟，我想着欠下的债务，心底又慌又乱。

一场噩梦，悄悄开始。新婚跟债务，同时起步。

这一切，远比我想的艰难。

婚后，我在台湾师范大学读博士班，在高雄兼职教书，南北奔波。我一个月赚 30000 元，我先生月薪 41000 元，我们每个月还信用贷款 13000 元，还帮先生的家里还房贷，给自己父母的孝亲费，还有我们自己的生活费、交通费、保险费……一笔又一笔，压得我喘不过气。

在科技行业工作，我先生每年有分红。他的分红往往一汇进户头，就会被我们拿去还信用贷款、还先生父母的房贷、交我父母的赡养费、交积欠了房东几个月的租金……每笔钱都是左手进、右手出，心底不踏实。婚后的金钱压力，逐渐大了起来。

婚后第一年，我陷入严重的失眠状态。

欠的钱还不完，每一笔似乎都不得不给、不得不还。

28 岁那年，我要教书，还要读书。每到半夜，我就开始心悸。

我先生当时被派到上海工作，他知道我的情况后，非常焦虑。

他是非常温柔的人，为了我的健康着想，他坚决要求我放弃工作，飞去上海，安心休息。

也许是一种祝福，到上海之后，我很快就怀孕了。

从怀孕的第一天起，我就激励自己，要好起来，我要让这个孩子得到保护。

几个月后，还来不及为自己欢呼鼓掌，大哥的债务，出了问题。

他不见了，电话打不通、人也搬离了他租的屋子，完全消失了。他欠下的卡债，由我们用贷款代偿，而我们失去追讨债务的对象。我先生家里的支出陡然上升。

几个月内，我的肚子越来越大，先生银行账户里的现金，却越来越少……好几个月，我看他红着眼眶，沉默地转走账户里 20 万元、30 万元的现金。直到现在，我都搞不清楚，这些钱还的是大哥的债务，还是公婆的房贷？

我们的梦想呢？我们的房子呢？那些美好、温暖的想象都烟消云散了。

那段时间，先生承受着巨大的失落感，因为大哥不守信用，让太太、孩子受委屈。他总是一个人蹲在前廊，表情茫然。

我认为，在那段时间里，他陷入了人生的困境里。他不知道怎么去信任别人，怎么爱。他经历的这一切，可能需要一辈子的时间才能调适过来，但他不能停下来，因为孩子要出生了，而我的状况也不稳定，他必须照顾我们，忽略自己。我知道，他每一天、每一分钟，都在努力让自己不受影响，振作起来。

我无法想象，这段经历在他内心里起了什么化学变化。我只知道，他更沉默了，更少笑了，每次回他父母家，总是忧心忡忡，眉头深锁。

2006 年 6 月的寒假，他的情绪终于爆发了。

我怀孕 7 个月时，先生带着我回到台湾。他在婆家的客厅，跟公公大吵一架。

吵架的原因是，我先生告诉公公，请他尽快卖闲置的土地，清偿房贷，解决债务问题。先生说，大哥的债务加上公公的房贷，让我们全家背得实在太辛苦了。

公公卖地还贷的计划，10 年前就该执行了。不知道为什么，公公对每个出价的人都不满意，卖地的计划一拖再拖，10 年间，由孩子们承担贷款。

我揣测，先生也许是对我感到愧疚。结婚之后，我总是忧心忡忡、惶惶不安，怀孕的时候，他常看我抱着肚子痛哭，不知所措。先生也许心急了，也许对家人产生了怀疑，总之他再也忍不住，开始抗议。

公公非常传统，在乡下种了一辈子田，他对家庭的秩序感和顺序感，有强烈的意志。在他的内心里，他始终相信，孩子应当奉养父母，儿子尤其如此。先生的抗议，让他异常愤怒。他认为，我们不顺从、不孝顺、不奉养父母。他更气的是，我们告诉他该做什么，对他指手画脚，让他很没面子。那天下午，他把我们轰出了门。

那是我第一次，对自己的处境感到绝望。在那一刻，我已经察觉到，每一个人都有坚持、有立场、有梦想，但每一个人都指责别人的坚持、批评别人的立场、挑剔别人的梦想。没有一个人怀抱恶意，但每一个人都遍体鳞伤。

我非常沮丧。我、我先生、我公公都在受苦，而我无能为力。

那段时间，我只能转移注意力——练瑜伽、看育儿宝典、搜集玩具，尝试把问题掩盖起来，假装什么也没发生，恍惚着、恐惧着，迎接临盆的那天。

我在 2006 年 4 月 12 日生产，整个过程并不顺利。

那天深夜，我躺在冰凉的产台上，挺着圆圆的肚子，叉开双腿，像只等着被解剖的青蛙，吓得魂不附体。

我不会用力，听不懂助产士的指令，挣扎了整整两个小时，孩子硬生生卡在产道，几乎停止呼吸。

3 个小时后，我昏迷在产台上。靠着医生的产钳、真空吸引器、麻醉剂，孩子被推送出来，而我奄奄一息。

醒来之后，我的精神与肉体，经历一场重击，我精神恍惚、嘴唇干裂，下体汩汩涌出血块和鲜血；意志力像晒干的玉米须，轻飘飘、细柔柔的，无法着地。

我以为那是我一生中，经历过最软弱、最脆弱、最虚弱的时刻。我完全没有想到，还有更大的灾难蜷伏在黑暗里。

10 天后，台中市西屯区，发生了一场大火，那是我家。那是一场非常严重的火灾，出动了三辆消防车，东森新闻进行了实时现场转播。我这辈子所有能称为"回忆"的东西，都在大火里被烧得干干净净。

那是中午 12 点。太阳很大，空气干燥，风很大。

摄影机就在现场，转播实况。镜头拉近了，我缩着身体，坐在床上，看着电视屏幕里的火球越烧越高，越烧越旺，最后炸成一团火球，火焰冲到天际。我的脑子里一片空白，喉咙像噎住了，什么声音也发不出来。

从那一天起，我才明白，人受到惊吓的时候是不会崩溃的，只会脑中一片空白。

如果说婚前的债务是一次打击，那场大火更像是一场死亡。在那一刻，我几乎失去信心，失去我一直以来都怀抱着的斗志和毅力，那种不论发生什么事都不信我不行的斗志。那一刻，我真的想放弃，放弃抵抗命运。

小时候，阳台是我的房间。

妈妈跟房东租了公寓的一楼和二楼，一楼当店面，二楼当住家。单层50平方米，却住了8个人——爸爸、妈妈、姐姐、妹妹、我和三个17岁的小学徒。从小，我们的房间里就摆满了粗木板床，床上堆满了衣服、床单、棉被。空气中飘着洗发精、毛巾的味道，又沉又闷，那里活像一个塞满棉花的大洞穴。

13岁那年，我突发奇想，睡到了阳台上。我在阳台上铺了一块又长又厚的大木板，在木板下塞几块砖头，上面铺层薄布，脚边支起一张折叠桌。这个阳台成了家里唯一的一间"套房"。

睡在这个"套房"里，像睡在铅笔盒里一样，得直直地挺起腰，直直地倒下去，不能转身、不能站直。但我记得，13岁的我非常兴奋，非常有斗志。好几个晚上，蟑螂在我脚边窜来窜去，我趴在折叠桌上，用铅笔给自己写励志信，下笔非常用力，咬牙切齿，坚不可摧，我跟自己说：

我要读书，要靠自己，我未来会做很好的工作，赚很多很多钱，受人尊敬。我就不信我不能从菜市场走出去；我就不信我不能靠努力改变自己的命运。

一路走来，我争强好胜、积极努力，没钱补习，我就拿着录音带录音，硬生生记下10万字的文学史。我野心勃勃，到哪都企图拿第一名。25岁时，我的学术论文发表量是全年级第一名，我连续拿了三年论文奖，在博士班入学考所向披靡。我立志30岁前拿到博士学位，32岁当上大学教师，40岁成为教授……我的意志坚强，斗志高昂，每个横跨在我面前的困难，包括婚前的那笔卡债，我都打算用自己的坦克直直碾过去。我一直以为，只要想做，就一定能行。

但从电视屏幕上目睹火灾的那一刻，我几乎听到尖叫声从腹内滚滚而起，通过喉咙，像一条骨头直直穿过颅骨；

从心脏不断涌出的惊吓和恐惧，像灌了铅水的水柱，沿着颅骨，窜流在眼窝、耳穴、眉心，蔓延到了鼻腔……我和先生的积蓄已经归零，大哥的债务、公公婆婆的房贷，还在持续。假如再加上一笔，我的未来、我先生的未来、刚出生孩子的未来，怎么继续？

我们这一辈子，是在替谁打工？当谁的奴隶？

妹妹还在读书，姐姐完全没有工作能力，只有我能负责，只有我能帮忙还债。但这笔债，会是多大的金额？我害怕地想，如果再有个人死了或受了重伤，一辈子残疾，我们家的债务，只怕越陷越深、越欠越多，缠绵无尽的债务多久才能还清？想到这里，我头皮发麻，一阵战栗。

在那一瞬间，我开始盘算着，什么工作能赚到最多的钱……补习班老师？我摸摸孩子的额头，鼻头一阵发酸。孩子是无辜的，她什么也没做，难道也要畏畏缩缩跟着我们挣扎一辈子？我往病床上一倒，全身无力。

我记得很清楚，那一天，我没有哭。到了晚上，还是没有。我瘫倒在床上，像被丢进河里的鹅卵石，直直下沉，在河床深处，奄奄一息。

躺在床边的孩子，突然打了一个喷嚏。她发出微弱、细小的声音。

我把一只手放在她的胸口上，她温温的小心脏跳得又轻又急，那简直不是人类的心跳，像是小鸟的。我把脸凑近宝宝，用鼻尖紧贴她的脸颊，护士把她的头发往后梳，露出白净的高额头，她的一双小手紧紧攥成拳头，放在脸颊边，眼睛眯成了白白的一条线。突然之间，我像一道终于溃堤的堤坝，抽泣起来，我咬紧了嘴唇，把声音压下去一点。我耸动着肩膀，把床板带得直抖，大股大股的愤怒突然涌起。我无法放弃，无法甘心，为了孩子，我要前进。那天晚上，我决心赚钱，赚到足够的金钱，多到就算多烧个几次，都无所畏惧。

接下来的日子，像梦境一样，不停开展。

火灾后的 14 年里，我把自己能做的事情，做到了极致：我学习了函授会计、外汇、税法，补充金融知识；我开户、下单，买进境内外股票；我记账、建立家庭预算；我议价、购买便宜的房地产；我学装修（软装、硬装）*，提

---

* 注释：硬装设计是以空间硬件结构与基础装潢为主的大工程，包括天花板、墙面、地板、管线配置、美化到施工的系统工程；而软装设计是以易于更换与变动的家具饰物为主，如家具、灯饰、装饰摆件、花艺绿植、艺术品等。

高我的租金；我整理保单、尝试看懂条文；我学权证、期货，试着撬动杠杆；我读了一两百本理财书，用12000个小时操作股票，花1万个小时挑选房子……在14年后，终于累积一点点成绩。我存了一笔钱，有几处繁华地段的房地产，囤了一点土地，握着低价买进的龙头股——我的征途，有了成绩。*

这些年，我经历了很多东西。

刚开始，我以为理财，全靠自己——自己的意志力、斗志和理性，才能克服困难，艰难着前进。我总以为，自己累积一点成绩，靠的全是毅力。

但回想起来，一切似乎不是这么回事。

我常常在想，如果先生不支持我的财务决定，不陪着我承担风险，不赞成改变，若我们一路拉扯，互相抱怨，我还能坚持下去吗？

对我妈妈的处境，我也陷入沉思：

妈妈再会赚钱、再会投资、再会做生意，只要她解决

---

* 注释：这14年的理财经验，我记录在《我用菜市场理财法，从月光族变富妈妈》《富妈妈靠存致富股，获利100%》两本书中；书里有我记账、选股、房地产投资获利的始末。

不了叔叔的勒索，无法保护自己，她累积财富的过程，仍会磕磕碰碰、异常艰辛。

我的先生呢？

即使他再会赚钱、再勤奋、再努力，如果协调不了家人的债务问题，所有投资的执行力、效率、目标、累积，都将大打折扣。

生命，是相互依存的长篇故事。而理财，不是自己做到极致就能成功的，更多时候，要处理好"亲密的人"，才能前进。

后来我发现，如果你去聆听每个人的理财困境，你会发现，每个人的故事里，都有一个"家人"，可能是奢侈的太太、赌博的公公、没安全感的婆婆、投资失败的小叔……每一个"家人"，都是"不能控制的人"——奢侈的太太会挥霍储蓄；赌博的公公会增加债务；没安全感的婆婆会提领奖金；投资失败的小叔会预支退休金。每一个"家人"，都是你理财路上的关键人。解决不了关键人的问题，理财路上，只能匍匐前进。

我常常回想，如果当年我能懂得跟公公、先生沟通，体谅他们的立场，不批评他们的原则，尊重他们的梦想，也许那段时间，我能减少许多困惑和迷惘，能少受许多苦，少掉眼泪，少很多悲伤。

这么多年，理财书林林总总、五花八门，谈的都是自己：怎么省钱、怎么选股、怎么节税、怎么投资。好像理财这件事，执行起来应当没有阻力，没有困惑，没有家人干扰；没有别人，只有自己。

这就像在真空的玻璃瓶中，搭建一艘精密的小船，而这船无法航行。

一直以来，我对自己的理财能力并没有信心——我不是科班出身，没有经济、会计、商学的学历背景。但这些年，我写的书却开始发酵，启发许多人勇敢尝试：台中一个 45 岁的妈妈，看了《我用菜市场理财法，从月光族变富妈妈》一书，竟然大哭一场，鼓起勇气，起身面对自己的卡债问题；另一个 38 岁的彰化读者，也在看了书之后，决定不再逃避家里的财务窟窿，为孩子和自己，一步一步开始学习财务知识；新竹一名 42 岁的爸爸，把我的书一一画线，整理成笔记，挪出闲置资金，克服恐惧，买了第一只股票，从零开始，为退休努力。

这些经历，让我对自己在做的事，产生信心。

我发现，仅仅只是把自己的故事好好说出来，就能激励人、抚慰人、疗愈人，让人鼓起勇气。这是我能做的事情，这是我做得好的事情，这是能帮助人的事情。

我开始相信，我不代表自己，我的故事是人在面对金钱困境的一个典型。

在真实的世界里，我们无法回避，必须处理与亲人、家人的财务关系。很多时候，我们面对着钱的压力，同时面对着人的压力。人的问题甚至比钱的问题，更难处理。

金钱圈、金钱蓝图、金钱义务、金钱依赖……这些主题，就是这本书要谈的。读完这本书，你的理财装备，能有大大的拓展。真实的世界里，我们无法回避，必须处理与亲人、家人的财务关系。我相信，理财必须先"理人"。

我们一起面对钱的压力，也一起面对人的压力。

PART 2

家庭财务界线引发的问题

¥

第 2 章

家家都有一份『钱与人』的理财考卷

让我可以解题的契机

人的问题，一向是个难题；而家人的问题，更是难题中的难题。因为每个人，都有自己的原则和意志，关于我应当如何生活、应当追求什么、应当接受什么、应当改变什么、什么是值得为之奋斗的、什么是得不偿失的。每个"家人"，都有自己的意志。

很多时候，家人的意志力，就是最大的摩擦力。

叔叔的赌债、大哥的卡债、公公的房贷、我和先生当年的冷战、公公和先生的争吵……这些无止境的争执、退缩、埋怨，都足以让任何一个下定决心理财的人，行动力减弱，能量萎缩，效果减半……理财过程中，甚至不需要真正的匮乏，就足以让行动瘫痪。我自己经历过，也看着别人经历过，非常感慨。

16 年来，我一直纠结当年陷入财务的困境。我想知道，如果时光倒流，我该怎么处理大哥的卡债问题；我该怎么跟先生沟通，减少彼此的压力；我该怎么跟公公沟通，降低他的愤怒感。我非常清晰地认识到，如果我要理财成功，绝对不能放弃思考、整理这个问题。这就好比我在面对一张"理财考卷"时，钱与人的问题是分值 25 分的应用题。如果想拿高分，这道 25 分的应用题，绝不能跳过去。我立志致富，就必须解题。

我没想到，帮我解开难题的，是自己的运气。

这些年，台湾几乎找不到讨论"钱与关系"的书籍。各种理财书，包括从选股、资金配置、经济学、货币学、房地产、致富心理学、致富故事到经济趋势的内容，却几乎没有任何一个章节讨论这个问题。

没人讨论，不代表不值得讨论。

最终，靠着好运气，我在图书馆的角落里，找到了一本绝版书——这本书书脊上的标题非常有意思:《爱在金钱蔓延时》(*Love and Money*)。爱与钱？我皱起眉头，书名很吸引人。

我把书放在手掌上，翻开第一页，快速浏览作者的背景:

作者乔纳森·里奇（Jonathan Rich）是心理学博士，也是知名的婚姻金钱咨询师。里奇平日居住在加利福尼亚州，专门协助夫妻处理金钱纠纷与金钱问题，包括价值观、习惯、憧憬、目标。

我胡乱把书翻到中间一页。接着，看见一张奇怪的大圆圈。我用手指摩挲圆圈的界线，深深地被这个圆圈吸引。

乔纳森·里奇说，这个圆圈，叫作"金钱圈"，如图2-1。

▲ 图 2-1　金钱圈

乔纳森·里奇解释，每个人都有自己的"金钱圈"，每一个圆圈，代表的是"谁可以用你的钱"。有的人金钱圈很小，甚至小到就只有自己，自己赚的自己花，别人赚的别人花，互不相干；有的人金钱圈很大，可能包含最亲的父母、手足，也可能包含亲戚，甚至包含很亲密的朋友，这些人都可以分享自己的钱，所以这种人的圆圈是很大的。

金钱圈？这个名词很新鲜。

看到这里，我皱起了眉头。我先生当年说什么？对了，他告诉我："我工作的目的，就是希望我自己、我的家人（亲密的人）都幸福。"我想象着，把书上的圈圈涂上颜色，我突然意识到，我先生的"金钱圈"如图 2-2 所示。

而我垂着头，把自己的金钱圈，在心目中涂成了如图 2-3 所示的样子。

我飞快地对照一下，大吃一惊。

我跟先生的金钱圈，范围完全不同——他的圆圈比我大，我的圆圈比他小，难怪大哥卡债的问题，我们会有这么大的冲突。在看不见的大脑里，在说不清的意识里，我们的价值观，竟然有这么大的差距？

我突然意识到，在这本书里，一个人在金钱上的意识、信仰、价值观，可以这么具体、清晰地被画出来，被看清楚！我盘算着，假如每个人看不见的、隐藏的意识，都能用书里提供的图表展示、比对、整理，那我和先生当年冷

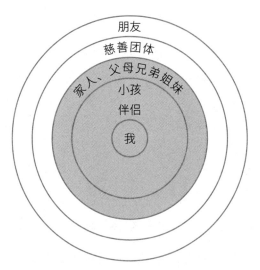

▲ 图 2-2　我先生的金钱圈

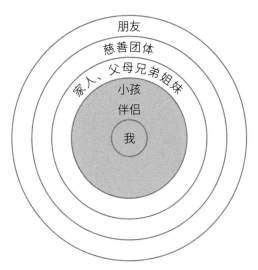

▲ 图 2-3　我的金钱圈

战、公公和先生争吵等事情，也许会有沟通与和解的契机。

这些年，我听了很多人生故事。我们谈钱，却谈出了人生——被家人勒索、被霸凌、被恨、被爱、被依赖、被背叛。

每个人的故事，都像河谷中的溪流，蜿蜒曲折，一路鸣咽，潺声回荡，直到山谷深处。我的困境，也是所有人的困境。

我突然惊觉，我要做点什么，而且动作要快。

现在，这本书也许是个线头。这个线头，足以拉出一长条纠结的线团，解开 16 年前我面临的卡债困境。

理财的五大"摩擦力"

在那之后，我更敏感地察觉身边出现的这类故事：乱投资的叔叔、爱赌博的妈妈、不负责任的小姑、融资炒股而赔光退休金的爸爸……

经过好几年的观察，我发现这些困境有一定的模式，大约可分为以下五大类型：

1. 金钱圈问题（我的钱要给谁用？弟弟欠钱，我该帮他还吗？）

2. 金钱依赖问题（小姑离婚了，住在家里，让我付水电费？）

3. 金钱义务问题（公公一个月需要拿 5 万元奉养金？）

4. 金钱性格问题（老婆太能花钱怎么办？）

5. 金钱蓝图问题（先生觉得这种生活品质就可以了，我觉得不满意。）

所谓金钱圈问题，是指每一个人对"我的钱可以给谁用"的范围问题。比如说，我先生的哥哥不在我的金钱圈内，却在我先生的金钱圈。我们的范围不同，争执就一触即发。很多夫妻或伴侣，都有类似困境。

而金钱依赖问题，是指家族里的"情感依赖"转变成了"金钱依赖"。像我叔叔依赖我爸爸、妈妈，长期索取赌资，就是典型的例子。

金钱义务问题，是指"什么身份，该尽什么样的金钱责任"的问题。

通常，人们会起冲突，是对责任的内容有了分歧。比如我公公认为儿子该还房贷，儿子却有不满，这就加剧了家庭冲突，造成压力。

至于金钱性格问题，是指花钱的习惯。有的伴侣，甚至同住的家人之间，因为对吃什么、玩什么的标准不同，累积许多压力。这类压力很细微，很折磨人，时间很长，对一个人存钱的效率，很有杀伤力。

最后，金钱蓝图问题是指"人生的小剧本"歧异。

每个人对自己"现在要过什么生活""未来要过什么生活"，在脑中有一个基本的轮廓。夫妻、伴侣之间，假如"小剧本"不同，就会吵个不停。理财的时候，有的太太不愿意省钱、不愿意承担风险，这跟她脑中的小剧本有关系。夫妻之间，如果"剧本"无法协调，所有为理财而做的努力，很容易半途而废。

我将金钱圈、金钱依赖、金钱义务、金钱性格、金钱蓝图问题统称为"理财的五大摩擦力"。几乎每个人的"金钱与家人"困境，都能对号入座，与其相应。

细看这五大摩擦力，我陷入沉思。

分类整理的过程，带给我一种"俯瞰"的视野，这种视野，让我跟当年自己的情绪有了更多联结。我突然能从更广阔的视野，看待当年的处境，跟当年的情绪和解，保持稳定；这种稳定，激发我的洞察力……我突然发现，这五大摩擦力，都指向金钱界线的问题。

金钱界线：划分金钱使用的范围

金钱界线，是心理学家亨利·克劳德（Henry Cloud）和约翰·汤森德（John Townsend)在《过犹不及》（*Boundaries*）这本书中提出的概念；在很多年前，我因缘际会读到这本书。

亨利·克劳德和约翰·汤森德提出的"金钱界线"，是指"钱包的界线"。他们比喻，金钱界线就像后院草坪的篱笆。通过篱笆，我们才能知道，自己的草坪有多大、多宽；我们要在哪个范围内浇水、施肥、修剪，不在哪个范围内浇水、施肥、修剪。我们能分清楚什么是自己的责任，什么是别人的责任。

每个人都该为自己的草坪负责，因为那是我们的"管理范围"。

想象一下，我们打开自己的浇水系统，却把水洒在了邻居的草坪上，结果过了一段时间，你自己的草坪枯萎了，邻居家的草坪却绿油油的。那么，这就是没有管理好自己"界线内的东西"，失去了界线。（你的篱笆圈在邻居那儿，还是你自己家？）

失去金钱界线，是很危险的，也很让人迷惑。

在金钱界线之中的，就是你本来应该拥有的生活。失去了界线，你会失去你本来应该拥有的生活。

在现实生活里，如果我们动了怜悯之心，用钱帮了一些人，结果却让我们变得愤怒、不满，此时，你的金钱界线就是被侵犯了。

这就好比 16 年前大哥欠下的卡债，实际上是他后院里的草枯萎了，他应该承担"不浇水、施肥"的后果。结果却是我先生踏进他的后院，帮他除草、浇水、施肥，却分身乏术，荒废了自己的后院。我先生失去了金钱界线，大哥也失去了金钱界线，没有一个人为自己篱笆里的草坪负责，最终，两块草皮都奄奄一息。

事实上，划清界线，不但是保护自己，更是保护别人。

不仅我们该懂得照顾自己拥有的东西，别人也该懂得照顾自己拥有的东西。筑一道篱笆，不是筑一道墙；我们互相欣赏，互相协助，但不越过篱笆，代替他照顾。爱他，不是成为他。

在处理五大理财摩擦力时，设定金钱界线是很重要的关键能力。因为这五大摩擦力，都属于"界线"问题，如图 2-4 所示。

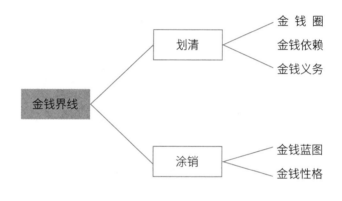

▲ 图 2-4　金钱界线

金钱蓝图、金钱性格属于夫妻、伴侣之间，因界线太过清楚，是无法协调、需要"涂销"的问题；金钱圈、金钱义务、金钱依赖属于亲戚、兄弟、父母、子女之间，因界线太过模糊，是需要明确的问题。归纳起来，这些都是"界线问题"。

我非常激动地发现，金钱界线问题是能够被陈列、分析、洞察、整理的。我整合了心理学、潜意识、理财知识，并配合我 16 年的理财经验，在这本书里，我将带大家逐步学习以下两项技能。

划清金钱界线

认识什么是"金钱界线"

"界线"本来是个心理概念，但用在金钱上，代表了钱包的界线。

认清自己的"金钱界线范围"

如果有人说，你要好好捍卫你的草坪，你要为自己的草坪里发生的一切事情负责，却不告诉你，你的草坪界线在哪里，你难道不会非常困惑吗？

学会认清什么是自己该负责的，什么不是我该负责的，为自己的钱包拉出清晰的"篱笆"，我们才能过上更好的生活。

应对自我怀疑与困惑

学会应对"是我自私吗""是我不孝顺吗""我会伤害到别人吗"这类的自我怀疑。

竖立金钱界线

认识自己与伴侣的金钱性格、金钱蓝图

重新整理彼此的生活憧憬、现状定义、花钱习惯，清楚彼此的差异。

找出消弭分歧、和谐共处、协力前进的策略

用有效的心理学方法，协调彼此差异，互相谅解，制出理财目标，协力前进。

这是这本书要带给你的东西，也是我这 16 年理财经验中，凭着运气和热情找到的答案。

每个人，对自己的"草坪"和钱包，都有绝对的主控权。

我们可以保持冷静，学会怎么拒绝家人，怎么面对内心，跟压力说不；不放弃自我控制，显示出真正的自己，

拒绝经历沮丧、纠结的金钱困境。

不学会拉出这条界线、消弭彼此间的分歧，你的金钱生活和理财历程绝不可能一帆风顺。

接下来的章节里，我要根据我积累的知识，并整合心理学家、社会学家的资讯，帮大家重建"金钱的篱笆"。我会在这本书里，一步一步地带大家创造幸福、丰足的金钱界线。

记住，我们在拉一条线，不是筑一道墙。我们可以把坏的踢出去，好的留下来。

而在这个课题上，我们面对钱的压力，意味着我们在面对人的压力。

第3章

金钱圈：钱包的界线，决定谁可以用你的钱

　　小米是我的朋友，刚结婚不到一年，就开始埋怨婆婆。

　　婚前，小米看到先生每个月扣除必要开销，会交给妈妈 2 万元补贴家用。小米以为，先生负责任，重感情，而且上进、勤俭、孝顺，是个不可多得的好男人，但兴冲冲结婚之后，一切都开始不对了。

　　首先，小米惊觉，婆婆一共有 3 个小孩，每个小孩固定给妈妈 2 万元，婆婆一个月可以拿到 6 万元，却总是唠叨着，不停抱怨。

　　小米住在娘家，东抠西省，为了存房子的首付和孩子的教育基金，她努力工作、加班，只为了多存一点钱，却总像孤军奋战，无人支援。

　　她先生薪资有限，每个月扣除必要开销和给妈妈的 2 万元，几乎无法存钱。小米焦虑极了。

　　小米跟我说，她不是虚荣的女孩子，她只想替自己和孩子存买房的首付。但先生付给婆婆的 2 万元，像压在井口的大石头，挪也挪不动。她想减少给婆婆的赡养费，但纠结的处境、尴尬的角色，让小米犹豫着，却步不前。

婚后，小米非常不快乐，她哭着告诉我，早知道会陷入这种处境，她不会结婚，不会跳这个坑。我拍拍她的肩膀，告诉她我懂，我能感同身受。

在我小时候，爸爸从不拿钱回家。奶奶缺钱，爸爸给钱，叔叔花钱，我家的"金钱链"牢不可破。

我爸爸跟小米的先生一样，从开始工作以来，薪水全数交给奶奶，婚后这样的形式完全没变。

奶奶买米、买油、买衣服，爸爸出钱；叔叔欠下赌债，爸爸还钱。妈妈婚后，只能适应着、挣扎着，无力改变。

几十年来，妈妈痛苦、愤怒、埋怨，隔三岔五就跟爸爸吵架、打架，互相诅咒、责骂，看着他们的婚姻一塌糊涂，我既感到无奈，也感到纠结。

从表面看来，爸爸爱他的妈妈比爱我的妈妈，似乎还多一些。

爸爸结婚了，在婚姻里，他奉养自己的母亲，却不曾松开旧的金钱界线，画一条新的来适应改变。妈妈被忽略，被牺牲了，他们夫妻间的亲密感、信任感，在一次又一次的争吵中，走向毁灭。

但往深一层看，爸爸的爱也许没有差别，他只是忽略了、迟钝了，无法"看见"自己的内在，有一个"金钱圈"，这个圆圈决定他的信念，决定他的顺序、目标和价值观，影响他的生活和婚姻。他被金钱圈推动着，而他浑然不觉。

金钱圈是指钱包的界线，这个界线，决定了谁可以用你的钱。

小时候，我们的"金钱圈"只有自己，所以常会看到小孩子拿着红包，霸气地说："这是我的！"如果有人说分给我一点好不好，小孩子会很生气地说："不可以！"

孩子年纪大一点，他开始发现，不把手上的钱分享出去，显得小气。他开始试着松开钱包，扩大自己的金钱圈，他会把钱借给好朋友，也会花钱买零食、买玩具，跟朋友一起分享。

随着年纪再大一点，孩子开始工作。这时他的金钱圈，会随着扩大的朋友圈，再扩大一点——伴侣、父母、同事，许许多多的"别人"，也许都可以跟自己共享，用自己的钱。

但随着朋友借钱不还、同事倒会*、伴侣移情别恋、加入慈善组织，有些人的金钱圈会缩得小些，有些人的金钱圈会

---

* 编者注：标会是民间的一种集资方式，是一种非正式金融制度。发起人称为"会头"，若会头跑路则称为"倒会"。

扩得大些，随着时间过去，每个人凭借着经验、境遇，摸索着、斟酌着，逐渐建立起一个清晰的"金钱圈界线"。

在进入婚姻之前，每个人的圆圈都是清晰明朗的，有些人的金钱圈很小，小到就只有自己，自己赚的自己花，别人赚的别人花，互不相干；有些人的金钱圈很大，父母、太太、孩子、手足、亲戚、很熟的朋友，都在里面，一起形成一个更大的圈。但不论是大是小，一旦进入婚姻，夫妻合并财务报表、合并银行账户，共同抚育孩子，一起还房贷，一起存退休金，一起奉养父母……两个人的金钱圈，被迫重叠了。

在婚姻里，重叠金钱圈的时刻，既痛苦，又危险。

金钱圈大的人，得缩小自己的圆圈，去重叠小的；金钱圈小的人，得扩大自己的圆圈，去重叠大的。缩小和扩大的过程，都是改变，而改变是痛苦的和挣扎的，任何一方如果无法完成转化，两个圆圈叠不起来，会面临决裂，就像小米的婚姻一样，她正遭遇这样的风险。

小米告诉我，她画出来的金钱圈如图 3-1 所示。

而她先生画出来的金钱圈如图 3-2 所示。

这两个圆圈一大一小，无法重叠。

小米说，先生把爸爸、叔叔、舅舅、妹妹，都当成了

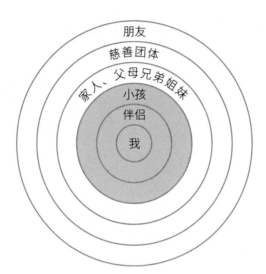

▲ 图 3-1　小米的金钱圈

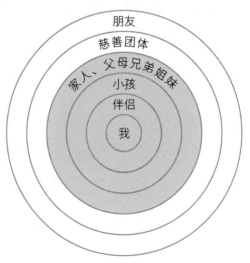

▲ 图 3-2　小米先生的金钱圈

"自己人"；而自己人的事，就是自己的事。对她先生来说，妈妈的生活费、爸爸的股票融资、哥哥的卡债、妹妹的嫁妆，甚至外甥女的大学学费，他有义务，也该承担；给妈妈的 2 万元，天经地义，理所当然。小米进入他的生活，不会改变什么。而这种超大的金钱圈，让小米崩溃。

小米的金钱关系，谨小慎微。

她哽咽着告诉我，小时候她爸爸帮舅舅作保，被恶意倒债，全家慌慌张张、憔悴踉跄地逃债十几年。十几年来，小米东奔西跑，惶惶不可终日。爸爸为了躲债，四处逃窜，整年见不到人；哥哥、妹妹住在各个亲戚家里，不停转学，每个人心事重重，有家不得归。说起这段经历，小米抽抽噎噎。她坚决地告诉我，钱算得越清楚，越不伤感情。资助兄弟姐妹，只会怨恨不断，遗祸万年。小米用手指着自己的圆圈，边噙着泪，边把头摇得像只拨浪鼓。她告诉我，她工作十几年，既不借钱给家人，也不过问亲人债务。婆婆的赡养费，她也实在给得心不甘、情不愿。她的金钱圈，小而独立，坚不可摧。

我听完他们的故事，就知道小米的小圆圈和她先生的大圆圈，从重叠的那一刻，注定天崩地裂。

小米没有先生的经历，不理解先生的观念；先生没有小米的经历，不理解小米的恐惧。他们夫妻俩从没有坐下来，好好观察自己、敞开自己，把过去的经验、过去的信念，整理一下、梳理一下，好好沟通，彼此理解。

他们根据情绪行动，依照旧的心智地图行动；先是抗拒、隐忍，接着唠叨、埋怨，最终冷战、吵架，在婚姻里施加压力，把两个人的联结感、亲密感，关在黑暗里，拉进深渊。

要说我从自己的经验里学到了什么，也许是我体会到，每个人都有自己独特的故事、独特的挣扎过程，没有人应受责备。大圆圈不一定就是好的，小圆圈不一定就是坏的。我们该像孩子一样，手拉着手，肩并着肩，坐下来一起画出彼此的金钱圈，做一次大脑的"心智扫描"。

大脑就像弹珠台，弹珠台里的铁桩位置是不一样的。当一个想法、一个动作像弹珠一样弹出来的时候，会弹出不同的路径，掉进不同的弹珠孔里。我们要做的事情，就是看清楚对方的弹射路径，了解他有怎样的过去，有什么印记，不做出任何判断，不做出任何承诺，只是理解，理解对方的经验、理解对方的情绪，揣摩对方的处境，从对方的角度重新看世界。这才是敞开，才是沟通，才是和解。

练习画出金钱圈

你有没有想过，你和你的另一半的金钱圈分别是什么样子？谁可以用你的钱？用到什么程度？请在图 3-3 画出你的金钱圈，并且把它涂黑。

接下来，邀请你的伴侣，在图 3-4 画出他（她）的金钱圈。

▲ 图 3-3　画出你的金钱圈

▲ 图 3-4 画出伴侣的金钱圈

对照

观察你们俩的圆圈，看看大小是不是一样，能不能重叠。

1. 重叠了：恭喜！你们中了"大脑彩票"。金钱圈重叠的伴侣，在金钱问题上，会少很多纠结。

2. 不能重叠：假如圆圈一大一小，那么就得好好谈一谈了。此时，你们应当坐下来，试着谈谈看，是什么事件、什么经验，塑造了你自己的圆圈大小。你们应当尝试理解，对方的圆圈为什么跟你不同；谈谈彼此的成长背景，有哪些不一样的经验。

通过问题来互相理解

1. 说说看你小时候的成长环境：你有什么玩具；跟同学相比，你觉得自己宽裕吗？

2. 说说看你父母小时候的成长环境，他们富有吗？

3. 你父母是否会为了钱吵架、烦恼；你的家庭里，有没有借贷给亲人的债务问题？

4. 你相信家人的生活跟债务，你应该一并承担、有难同当吗？

A. 如果你相信，那你仔细想想，是谁告诉你的，或是谁做给你看的（身教）？

B. 如果你不相信，那你仔细想想，你为什么不相信？

5. 回头来看，在你的人生经验中，有没有什么事件让你的金钱圈缩小或扩大过？

这是我的回答，供你参考

1. 说说看你小时候的成长环境：你有什么玩具；跟同学相比，你觉得自己宽裕吗？

小时候，我家里做生意，几乎不缺零用钱。我记得小学三年级，妈妈就给我买了全新的电动削铅笔机，一台1100多元，在30年前，堪比一台 iPad。但是严格说起来，我家不算宽裕，只是特别敢花钱。

2. 说说看你父母小时候的成长环境，他们富有吗？

我妈妈小时候，家境非常不好。外婆有七个孩子，外公爱喝酒，还赌博，家里的经济一直有困难。妈妈11岁就出门打工，帮佣、洗头发、当学徒。我爸爸从大陆来到台湾，在台湾一直努力工作。叔叔从小到大，是爸爸资助他的生活。爸爸每年还寄钱回大陆，帮助留在大陆生活的大伯，导致爸爸的经济一直很拮据。

3. 你父母是否会为了钱吵架、烦恼；你的家庭里，有没有借贷给亲人的债务问题？

从我小时候起，我父母就为钱吵架。

妈妈拿钱回娘家，帮助舅舅还债；爸爸拿钱回奶奶家，帮助叔叔还债。两个人各自有负担，但各自不放手。

他们持续资助家人，长达三四十年，但也为了钱的分配，争执不休。

4. 你相信家人的生活跟债务，你应该一并承担、有难同当吗？

A. 如果你相信，那你仔细想想，是谁告诉你的？或是谁做给你看的（身教）？

我妈妈从小就跟我说，家人是自己人，自己人的事，就是自己的事。即使是一个钱坑，也要努力帮忙，尽力去做。这是我们的命，我们的责任，不能不扛起来。她自己确实做到了，几乎帮了家人一辈子。包括各式各样的债务、倒会、赌博、学费，还了一辈子。

B. 如果你不相信，那你仔细想想，你为什么不相信？

我妈妈和爸爸的资助过程，让我警醒。

我看到一路资助的过程中，接受的人没有学到该吸取的教训，没有独立起来为自己负责。所以，长大之后，我想在金钱上做到独立，做到没有牵连、干干净净。

5. 回头来看，在你的人生经验中，有没有什么事件，让你的金钱圈缩小或扩大过？

小时候的这些经验，让我的金钱圈一直小小的。

生了孩子之后，是我第一次扩张金钱圈的时刻。我很乐意跟孩子们共享我的金钱。那是我第一次，扩大了我的金钱圈。

自己做一次

1. 说说看你小时候的成长环境：你有什么玩具；跟同学相比，你觉得自己宽裕吗？

_____

_____

_____

2. 说说看你父母小时候的成长环境，他们富有吗？

_____

_____

_____

3. 你父母是否会为了钱吵架、烦恼；你的家庭里，有没有借贷给亲人的债务问题？

_____

_____

_____

4. 你相信家人的生活跟债务，你应该一并承担、有难同当吗？

_____

_____

_____

A. 如果你相信，那你仔细想想，是谁告诉你的，或是谁做给你看的（身教）？

_____

_____

_____

B. 如果你不相信，那你仔细想想，你为什么不相信？

_____

_____

_____

5. 回头来看，在你的人生经验中，有没有什么事件，让你的金钱圈缩小或扩大过？

_____

_____

_____

伴侣做一次

1.说说看你小时候的成长环境：你有什么玩具；跟同学相比，你觉得自己宽裕吗？

_____

_____

_____

2.说说看你父母小时候的成长环境，他们富有吗？

_____

_____

_____

3.你父母是否会为了钱吵架、烦恼；你的家庭里，有没有借贷给亲人的债务问题？

_____

_____

4.你相信家人的生活跟债务，你应该一并承担、有难同当吗？

_____

_____

_____

A.如果你相信，那你仔细想想，是谁告诉你的，或是谁做给你看的（身教）？

_____

_____

_____

B.如果你不相信，那你仔细想想，你为什么不相信？

_____

_____

_____

5.回头来看，在你的人生经验中，有没有什么事件，让你的金钱圈缩小或扩大过？

_____

_____

_____

让彼此的金钱圈重叠

在这项练习中，你会看到，自己和对方有着不同的记忆、不同的经验，因此形成不同的价值观、不同的信念。

你要知道，没有任何价值观是不好的，没有任何信念是不好的，关键在于，你期待什么？

期待他为了你而改变？期待他站在你这一边？期待他听懂你说的话？

期待混淆了你的心智，让你陷入愤怒，这非常危险。

对我先生来说，他不应该期待，像我这样的女人，会相信他的哥哥，帮助他的哥哥，期待他知错能改。在我过去的经验里，帮助亲人是非常危险的。我的经验，应当得到重视，得到谅解。

而对我来说，我也不应期待，像我先生这样的男人，会舍弃他的家人，忽略家人的苦难，见死不救，自扫门前雪。在他过去的经验里，舍弃亲人性质非常恶劣。他的心情，也应当得到接纳，得到谅解。

最终，我们检讨这一切，不是要指责谁对得多一些，谁错得多一些。我们要放下期待，让大脑像个水晶似的，想想自己能接受什么样的改变。

回想起来，当年如果我能理解先生的心情，提出一笔钱，比如100万元，让他帮哥哥还卡债，支撑两三年，让哥哥得到缓冲的机会，我想这个做法会是和解、谅解、爱，也是慈悲。

同样地，当年如果我先生能知道我的过去，体谅我的感受，提出折中的做法，不指责我"自私自利"，我们当年的撕裂感、痛苦感，也会大幅降低。

我们都能做点什么，我们都能改变圆圈的边界，我们不应留在原地互相指责、互相抱怨。

时隔这么多年，我感慨万千。

伴侣之间，目标是一致的：我们要爱，我们要联结。
请试着让自己的圆圈扩大或缩小一些，一起画出同一个金
钱圆，如图 3-5 所示。

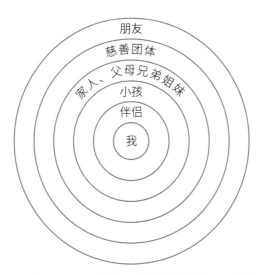

▲ 图 3-5　与伴侣一起画出共同的金钱圈

第 4 章

金钱依赖：
家家都有自己的
『生态圈』

小萱来找我的时候，像抱着救生圈似的握着手提袋。她耸着肩、低着头，看起来受了很大打击，神情恍惚。

小萱的婆婆有两个孩子，她先生的妹妹今年 35 岁，离婚后带着小孩跟小萱的婆婆住在一起，没有工作，吃家里、用家里。

小萱的先生每个月给婆婆 25000 元，除了家里的水电费、手机费，还帮妹妹的孩子付学费和书本费。有时婆婆心血来潮和先生的妹妹出国去玩，也是小萱先生买单。

小萱刚认识先生时，觉得他认真、负责、顾家，是个可靠的人。可是结婚之后，小萱开始精打细算，她要存养老金、存教育金、存买房的首付。养婆婆就算了，现在连小姑、小姑的孩子都要养？这种现状，让她感到不满。

小萱的公公很早就去世了。婆婆独自拉扯孩子长大，非常辛苦。小萱说，她能体谅婆婆的心情，也懂同舟共济的道理，但一个料想不到的冲突，击溃了她的底线。

上周，小萱的婆婆突然找他们聚餐。饭局进行到一半，婆婆提到小姑为了赚钱，买了一间套房想转手卖钱，却怎么也卖不掉。

履约时间到了，房地产开发商要小姑支付首付。小姑根本没有钱，也根本没有办法贷款，如果付违约金，就是把钱打水漂了，实在不划算。于是婆婆要小萱一家主动承担房贷。"钱放在银行里，只会越来越薄，以后房子也是你们的，就当是做投资。"婆婆自言自语道，"妈妈不会害你们的，都是为你们好。"

听到这里，小萱瞪大双眼，惊骇莫名。一直以来，小萱就对小姑不满。她离婚后住在家里，不愁吃、不愁穿、不愁孩子没人带，却不找份工作，让自己独立起来。现在投资失败，烂摊子一丢，让家人为她解围？这种戏码，亏她演得出来。

她和先生对视了整整一分钟，终于从喉咙挤出一个细小的声音，小得几乎听不见："再说吧。我们考虑看看。"

婆婆站了起来："要考虑什么？那是你妹妹啊！"她用双手扣住桌缘，使劲摇晃桌面。"你不帮，难道要我帮？我都几十岁的人了，要我来帮？"婆婆的声调突然高了起来。

小萱的压力陡然升高。她涨红了脸，扁着嘴，转身走上台阶。婆婆跟着跑了过来，尖声叫道："你不帮就没有人可以帮了！"她嘶喊着，突然膝盖一软，朝着小萱跪了下来。

小萱想伸手拽住她，但来不及。婆婆跌下台阶，"咚"的一声重重砸在地板上，发出可怕的声音。

"自己人都不帮，还算是一家人吗？"婆婆号叫着，一面攥起了拳头，一拳打在自己的大腿上，"是妈妈无能啊！"她哭喊着，"如果你不帮妹妹，她这辈子就完了啊……她已经这么命苦了，你们做哥哥嫂嫂的……见死不救啊……"婆婆恸哭起来，尽管好几个人拉着她，她还是坐在地上，面容扭曲，泪水汩汩而下。

局势急转而下，小萱沁出一头冷汗。她告诉我，在那个场面下，她只能寒着脸，颓然把债务背起来。

一开始，小姑指天指地，诚心忏悔，发誓不推卸责任。然而才过半年，本来兼差的工作，小姑突然不干了，把所有的烂摊子又丢给先生，让小萱一家独自承担。

说起这段经历，小萱抿着几乎消失的双唇，表情呆滞，异常严肃。我们讨论着将来的财务规划，然后陷入沉默。

在婚姻里，每个家庭都有自己的"生态圈"。在生态圈里，给钱的是照顾者，拿钱的是依赖者，互生、互克、互

依、互存，关系层层叠叠，牢不可破。而小萱和先生的夫
妻关系，是第一层，也是最核心的"照顾—依赖"网络。

在这层网络里，太太和先生的功能不同：先生不一定
是给钱的人，太太不一定是拿钱的人，因此太太可能是照
顾者，先生可能是依赖者。与此同时，有的夫妻会拿家人
的钱、被家人照顾，一同成为依赖者；也可能拿钱给各自
的家庭，一并成为照顾者。每个类型统整起来，会有"依
赖者＋依赖者""依赖者＋照顾者""照顾者＋照顾者"三
种模式。

妻＼夫	照顾者	依赖者
照顾者	照顾者＋照顾者	依赖者＋照顾者
依赖者	照顾者＋依赖者	依赖者＋依赖者

这三种模式，形成各式的相处风格。

三种类型的相处风格

依赖者＋依赖者：最恶劣的关系

我的朋友小恭是工厂小开（富二代）。成年之后，他领着工厂股份，每月分红。

小恭和太太每个月能领 10 万元，偶尔跑跑业务，并不参与经营，也不烦心业绩，基本是打个酱油，工作毫无压力。

小恭和太太，是典型的"依赖者＋依赖者"关系。他们同时拿夫家的钱，被夫家的人照顾着，但生活独立，少受干涉，家人相处和谐，少有纠葛。而同学小锋，却没有那么幸运。

小锋是药剂师，读大学时，认识了家里开药行的太太。结婚之后，小锋成了药行小老板，不愁吃、不愁穿，端着岳家的铁饭碗，却怨声载道、闷闷不乐。

小锋说，岳父刚愎顽固，颐指气使，仗着小锋领自己的薪水，评论他的食衣住行，干涉他的喜好娱乐，连新买的房子，都唠叨不停。

新房的首付是岳父岳母出的，从装潢一开始，就鸡犬不宁——小锋要装成工业风，但岳父看不惯，总铁青着脸，指责"梁为什么不包起来？""墙为什么刷成灰色？""水管怎么能露出来？"让小锋困扰不已。为此小锋常和太太吵架，发泄自己的情绪。

小锋告诉我，他在这段婚姻里，已经感到窒息。这次新房装潢的纠纷，让他下定决心。小锋打算离开药房，自己开一间，重新开始。他宁愿穷一点、辛苦一点，也不愿被掐着喉咙，当岳父的奴隶。

小锋累积了这么多的不满与愤懑，是最恶劣的"依赖者＋依赖者"关系。

依赖者＋照顾者：大部分主妇的家庭模式

我的朋友小琪和她先生是完美的"依赖者＋照顾者"组合，她的先生在园区工作，小琪是家庭主妇，互相能够谅解，尊重对方的付出，绝不口出恶言。

小琪说，先生开口闭口都是感谢。他知道照顾两个孩子非常辛苦，所以下班之后，小琪的先生会让她独自出门，四处散散步。

"依赖者＋照顾者"是大部分主妇的家庭模式。相处好的，夫妻能互相谅解，尊重对方的付出。相处不好的，老公抱怨老婆，老婆抱怨老公，彼此都不满意。

有的先生谈起太太，会扁着嘴，皱着眉，语带讽刺地说："她命真好，每天在家吹冷气、看电视、追剧，还可以悠哉睡午觉，逛街买东西，而我呢？我在卖肝！"

很多太太会对先生咆哮道："有工作了不起啊？你以为只有你会累啊？不然换你在家带孩子看看啊？来啊！"

太太觉得自己该被照顾，却没被照顾好，牺牲很多，非常委屈……这种状态，就是不协调的"依赖者＋照顾者"关系。

刚才小萱的经历，就是不协调的典型。小萱是家庭主妇，但对先生照顾小姑、小姑的女儿感到不满，累积愤懑，逐渐失控。

小萱总沉着脸，心事重重。心底的不满像河底的垃圾，逐渐漂浮起来，小萱常常失控，偶尔就购物发泄，对先生的挑剔，总持续进行。

小萱的婚姻，像踏进了沼泽，一脚陷进去，拔不出来，越挣扎、越顽强，越陷越深，眼看就要灭顶。

照顾者＋照顾者：彼此不相干涉，互相支持

有的夫妻双方都有工作，各有各的账户，各顾各的开销，互相独立起来，照顾各自的原生家庭，负担各自的奉

养金，互不干涉，互不评论，这是比较好的"照顾者 + 照顾者"模式。

"照顾者 + 照顾者"的夫妻，是有骨气的承担者。这个类型往往责任感强，自我要求高，是完美主义者。

"照顾者 + 照顾者"的夫妻，如果协调得好，彼此不会吵架；你拿钱照顾你想照顾的人，我拿钱照顾我想照顾的人，彼此不相干涉，互相支持。但棘手的是，如果钱没安排好，给家庭造成压力，比如房贷还不出来、现金流变紧、储蓄率越来越低，这时，夫妻之间就可能互相指责："为什么总是你家需要钱？""为什么你家一直出事？"伤害彼此的信任感，让冲突加剧。

由此看来，仅仅在婚姻里，先生跟太太之间，就有这么多"依赖者"和"照顾者"的组合类型。先生和太太之间，光是不埋怨、不指责，能互相退让、互相体谅，已经非常不容易，何况在这层最核心的关系上，加进父母、兄妹、亲戚、朋友的依赖关系。经营这超大的"照顾—依赖"网络，成了人生难题。

在小萱的婚姻里，小萱的老公是整个家庭的照顾者，而她的婆婆是第一层的依赖者，小姑是第二层的依赖者，小姑的小孩则是第三层的依赖者，如图 4-1 所示。

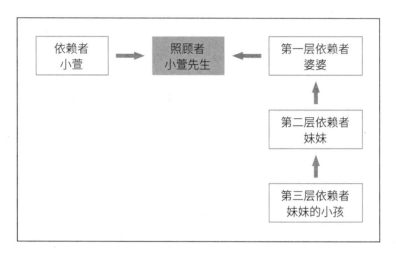

▲ 图 4-1　小萱家的生态圈

　　这个生态圈，以小萱的老公为核心，像挂肉粽一样，牵带着婆婆、小姑、小姑的孩子及小萱自己。他们的关联，是老公除了照顾小萱，还要照顾他母亲，母亲要照顾女儿，女儿又要照顾自己的小孩……所以你会看到一层又一层的依赖关系，却仰赖同一个照顾者（小萱老公）。这种恐怖的依赖关系，意味着多大的精神压力。

　　当小萱要阻止婆婆，她面对的是一幅盘根错节、固态僵化的依赖关系。要挣脱这个生态圈，谈何容易。

画出家庭的"照顾—依赖"图

接下来，就让我们一步一步画出自己的"照顾—依赖"的生态圈，认识自己：

1.范例

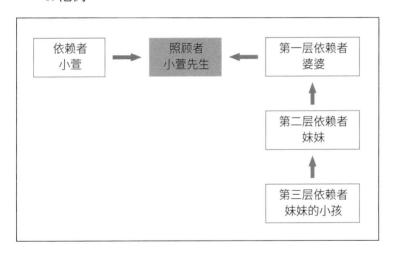

2. 自己绘制

认清依赖语言

    1. 非此即彼：用绝对的观点看事情

      举例："你不帮就没人可以帮了！"

    2. 以偏概全：把一件事当成一辈子

      举例："你不帮，她这辈子就完了！"

    3. 夸大或淡化：极力地把事情夸大

      举例："他会被黑道追杀，你知道吗？"

4.应该：使用"应该"或"不应该"评论你

举例："家人本来就不应该计较那么多！"

"自己人应该帮自己人。"

5.贴标签：直接论断

举例："你不帮，就是不孝！"

6.自责或责备他人

举例："都是当妈妈的无能！"

自我觉察

当我们面对一个困难的问题，通常会有一种感慨：知道是一回事，感觉是另一回事，总之，做不到而已。

当我们知道，但做不到，是因为靠着理智，我们无法说服自己。

理智能告诉我们，什么该做，什么不该做；而觉察能告诉我们，我们做了什么，我们还有什么没做，就像后退一步，把自己看清楚。人一旦能把自己看清楚，就能激发控制力，不再顺着情绪，勉强去做所有做不到的事情。

比如说，婆婆下跪时，小萱的眼眶睁大、脸颊发热、心跳变快，压力陡然上升。顺着这种情绪，小萱本来会哭，会难受，会觉得丢脸，而且在脑子里浮现"天哪！我真是烂透了！""天哪！太丢脸了！""天哪！我真是坏儿媳！"……这类自我批评的声音。在这种声音下，小萱变得软弱。她开始怀疑自己，违背真实心意，草率背起债务，再反复懊悔，让自己烦恼。

但是，如果小萱"退一步"，在大脑里观察、监视自己，快速地回想"照顾—依赖"网路，认清家庭的依赖关系，认出婆婆的勒索型语言和动作，她的大脑才会出现"啊哈，原来如此！""啊哈，她又来了！"的声音。

这样的声音，会瞬间解除小萱的重担。这个过程，就像一只乌龟，在遇到危险时，将四肢和脸往壳内缩，把心思收回来，回到核心。

一个看清、理解全貌的人，能变得稳定和理智。在关键时刻，带着信心，控制自己，说出真话，让自己自由。

相信我，只有能自我觉察，才能拯救自己；只有自我觉察的人，才能做出改变，拥有弹性。

第 5 章

金钱义务：设定『给予的限度』

我妈妈说起黄总时，总是唉声叹气。

黄总家的鸭脖子劲辣酸爽，远近驰名。妈妈在菜市场里狂啃鸭脖，畅聊是非。她和黄总的妈妈，聊着聊着，聊出了真心；她俩心有灵犀，"情比金坚"，成了彼此的好闺密。

几十年来，妈妈看着黄总长大，满是感慨，如果台湾颁发"十大颓废青年"，黄总保证勇夺第一。他高中读了四年，勉强毕业。毕业之后，重考两次，考上一所学费极高、地点极偏、学生极少的大学，再读两年，延迟毕业两年，没有毕业。

肄业的黄总，人生越走越偏。

25岁的他躲在家里，让妈妈煮饭给他吃，帮他缴健保费、电话费，买摩托车，换手机，给零用钱，茧居四年。

四年里，黄总的公仔越集越多、用品越换越贵，却不停打零工、不停换工作，没有积蓄，没有女朋友，成了心智冻龄、楚楚可怜的"老少年"，在余下的人生里，制造苦果……

黄总 28 岁时，和卖鱼的阿莲同居，生下女儿小萍。小萍又干又瘪、又矮又瘦。她七八岁时，就在菜市场卖鱼，帮妈妈刮鱼鳞、批货，成熟懂事、逆来顺受。

小萍高中读夜校，白天发传单、端盘子，一个月 12 000 元的收入，被黄总强迫上交，全部提取；小萍敢怒不敢言，走路越来越低着头。

黄总说，小萍年纪太小，存不住钱；他帮小萍投资、"用钱滚钱"。这些话，连鬼听了都倒着走。大家都知道，黄总拿小萍的钱玩权证、玩当冲（期货）。偶被强平，他双手一摊，脸色沉重，回家蜷在被窝里，疗伤止痛。家里的伙食费、电费、网费，全靠小萍张罗。

小萍的账户里，总是只剩零头。她自告奋勇、逆来顺受，黄总却像个黑洞——不缴电费、不缴健保费、不缴保险费，让女儿焦虑地放不开手。小萍成了爸爸的跟班，扛起爸爸的责任，一脸枯萎，无精打采，踽踽前行。

"冻龄"的孩子成年之后，没有变得成熟。他们随性地结婚，随意地怀孕，潦草地扶养孩子，再迫不及待地把照顾自己的责任，从父母身上腾挪到孩子身上，完成"抓交替"的人生战略，贯彻始终。

在我们身边，总有各式各样的"黄总"。他们温和、善良，有正当的工作，和爸妈住在一起（或住得很近），父慈子孝、其乐融融。

他们的人生，乍看一团和气，但活得"浑然冻龄"，到35岁了，从不规划未来，从不储蓄养老金，大大咧咧，得过且过。

"冻龄老少年"年轻的时候，不需承担责任；年长的时候，逃避承担责任。他们从不负责任的孩子成为不负责任的父母，让善良的孩子，为自己解围——孩子们孜孜矻矻，为爸爸打工，他们的负担，全然不见尽头。

小萍说，爸爸不断地花她的钱，领她的钱，但总埋怨着、沮丧着，看什么事都不顺眼。她感觉自己干涸了，感觉自己累了，感觉自己再也做不了更多，却一点也不敢拒绝。小萍说，她从小到大，从不敢跟爸爸说"不！""我不要！""我不给！""那不对！"她不敢拒绝，因为她不曾拒绝。

小萍是"冻龄老少年"养出的"麻木的顺从者"，从小就学会了压抑自己的感觉。

小萍小时候，爸爸不让她参加校外旅行。因为旅行需要旅费，而爸爸舍不得"浪费"。

一听到不能参加旅行，小萍当场哭了起来。黄总脸色一变，大吼着叫她把"眼泪收回去"，威胁道"我是你爸，又不会害你"，板起脸孔，阻止小萍哭泣。

小萍说，爸爸从不在乎她想要什么、害怕什么、喜欢什么、不喜欢什么，只要她乖，只要她安静，她顺从着当孝顺的女儿，照顾自己。如果小萍抱怨，或者稍微板起脸，有了情绪，黄总就愤怒起来，大吼起来，在房子里乱摔东西。

一听到别人说"不"，黄总的反应就像一个被拿走玩具的两岁小孩。在他心底，所有人都该重视他、爱他、照顾他，如果别人不顺他的意，就是"坏人"，该得到教训。

孝顺的小萍，在长大的过程里，一路颠簸。她的朋友评论道，小萍是个"太有责任感"的女儿，开口闭口都是"爸爸又缺钱了""爸爸又请我帮忙了""爸爸说……""爸爸觉得……"她的朋友们相信，小萍的梦想，就是"照顾好爸爸，让爸爸开心"而已。连小萍也说，她从没想过，自己想要的是什么，自己的梦想是什么。一直以来，她当了孝顺的女儿，但低眉顺目，表情木然，一点也不快乐。

在"冻龄老少年"的家庭里，爸妈教导孩子要满足爸妈的需要、照顾爸妈的欲望，阻止孩子谈论自己的需求。长期以来，孩子们无法辨认自己的情绪，无法认可自己的需要，感受变得模糊了，生活变得麻木了。他们沉默着、被动着，让父母予取予求，但心底深处，却感到窒息。

小萍承认，自己给爸爸钱，更多是出于害怕，而不是舍不得。小萍说，她怕爸爸生气，怕家里气氛变差，怕亲戚朋友说她"只顾自己"，所以她顺从着、压抑着，感到忧郁。

小萍问我，她的人生到底还能不能柳暗花明？我用手掌托着她的腮，跟她说，一切要靠自己。

事实上，她一直给钱，让自己不快乐，是她的责任，不是她爸爸的责任。我跟她说，是你没有设定界线，设定"给予的边界"，所以你的爸爸才能不断勒索你，让你越陷越深。

我告诉小萍，要解开这个死结，必须要下定决心——扛起压力，行动起来。我提醒她，**没有责任感的父母，是没有界线感的人**，这样的父母，要靠孩子锻炼。孩子要设定界线，坚守界线，抵抗反击，教育父母，扶持父母，让他们学会尊重"别人的界线"。这样一来，你们的关系，才能真正柳暗花明。

我告诉小萍，我的朋友 K，就以一种敏锐、敏捷、果决的姿态，完成了这项"任务"，扭转自己的命运。

K 的妈妈整日不断地往庙里跑，听经修行。大前年，为了"洗业力"，K 的妈妈把 50 万元的现金，全捐给了庙里，还每天穿梭于寺庙，成了坚定的"修行居士"，以"庙务大义工"自居。

K 的妈妈住在家里，全靠 K 支付水费、电费、生活费，生活全靠 K 支应。

K 除了每个月养家，还付给妈妈 5000 元的奉养金，而这笔钱，在妈妈成了"居士"后，显得不够"有诚意"。

K 的妈妈要求他，要提高每个月的金额，因为一个月 5000 元太少，不够她准备三牲料理。K 在此时，非常警醒，他思考之后，开始拉高"限制"。

K 的做法，堪称"孩子的逆袭"。

他和妈妈坐下来，谈论自己的怒气。他毫不保留地说出自己的感觉、自己的需要，表达自己的情绪，但他只是谈论自己，而不评论妈妈（这一点很重要）。

接下来，K 跟我坦承，他清楚地认识到，自己的妈妈已然"依赖成性"。他没有打算改变她，没有打算责骂她，他接纳妈妈就是这个样子。

他不压抑、也不抱怨，接下来，他开始对每月给妈妈的金额设定界线。他告诉妈妈："我只能给你5000元，没有更多了。"当他妈妈大声抱怨、指责、哭泣、发泄情绪的时候，他只是以同理心，了解她为什么生气，但完美地控制自己，不发怒，不烦躁，只是重复："我很遗憾你觉得自己命苦，也了解你觉得我不孝顺，我了解。"紧接着，他不描述、也不解释自己为什么不提高给妈妈的奉养金。他只是重复着、坚定着，坚持自己要给的金额，毫不动摇。

K告诉我，刚开始，确实需要费点力顶住妈妈的压力。但随着时间过去，妈妈的情绪消退，他发现，妈妈竟然慢慢接受了事实，甚至反过来对K的生活，变得更加关心。

而K在这个过程里，一开始承担了压力。但撑过之后，他感觉自己和妈妈的关系变得更放松、更自在，没有委屈，没有压力。K照顾了自己，也照顾了妈妈，彼此的结局，就像跳水空中旋转三圈半，无水花入水一般，完美得分。

K 做了什么？我们仔细分解，不难看见：

1. 他谈论了自己的怒气；

2. 他辨认母亲的类型，接纳母亲；

3. 他对母亲进行"界线锻炼"。

我告诉小萍，为了练习 K 的剧本，我们必须顺着他的做法，进行练习。

谈论自己的怒气

1. 你现在感觉自己被父母依赖、压榨着吗？你的感觉是什么？

_____

_____

_____

2. 你的生活，是否因为给出奉养金，而感到难受、有压力？说出来。

_____

_____

_____

3. 你是否为了钱，跟父母吵架？每次吵架，你的感觉是什么？

_____

_____

_____

4. 你的父母会关心你的经济状况吗？如果会，你的感觉是什么？如果不会，你的感觉是什么？说出来。

_____

_____

_____

这个练习，目的是帮助我们从"麻木"的状态，转向"敏锐"的状态。

我们必须对自己的需求，更加敏感。而且我们要学着说出来，不压抑自己的感受。这是开始跟父母沟通，也是开始跟自己联结。

辨认父母的类型

评估表
1. 我的父母在经济上非常依赖我。 　　A. 非常不同意　B. 不同意　C. 还好　D. 同意　E. 非常同意
2. 父母从来都不擅长处理财务。 　　A. 非常不同意　B. 不同意　C. 还好　D. 同意　E. 非常同意
3. 父母期望我多给一点家用。 　　A. 非常不同意　B. 不同意　C. 还好　D. 同意　E. 非常同意
4. 当父母遇到钱的问题，总开口要我帮忙。 　　A. 非常不同意　B. 不同意　C. 还好　D. 同意　E. 非常同意
5. 有时候，我就像养孩子似的，养着父母。 　　A. 非常不同意　B. 不同意　C. 还好　D. 同意　E. 非常同意

续表

6. 我常常牺牲自己，让父母过得够好。 　A. 非常不同意　B. 不同意　C. 还好　D. 同意　E. 非常同意
7. 我比父母更关心信用卡账单上的负债。 　A. 非常不同意　B. 不同意　C. 还好　D. 同意　E. 非常同意
8. 从以前开始，父母遇到钱的问题，总是找我。 　A. 非常不同意　B. 不同意　C. 还好　D. 同意　E. 非常同意
9. 我总觉得，我比父母在钱的问题上，更负责任。 　A. 非常不同意　B. 不同意　C. 还好　D. 同意　E. 非常同意
10. 我周边的人都认为，我是家里"养家糊口"的那个人。 　A. 非常不同意　B. 不同意　C. 还好　D. 同意　E. 非常同意
计分 A：1分　B：2分　C：3分　D：4分　E：5分 评分 35分以上：标准 28分以上：疑似 20分以上：轻微 20分以下：无

做出这个表格，目的不是要"指责"父母，而是认识父母，我们必须认出父母的倾向，然后"接纳"他们，不是"推开"他们。

接纳，不是"包容"。包容意味着我们和父母是不同的人，有着不同的情感、不同的理智，所以他们才是依赖者，而我们是独立的人。包容不是接纳，是割裂。而接纳，是一种"联结"。一种对父母的情感、理智的全然信任、与我同一的状态。你必须清楚，他们跟我们一样，是理智的、是善良的、是有爱的，只是"扭曲"了，被"错误地引导"着造成了"没有界线感""没有责任感"，这是他们的现状，而不是本性。

接纳父母，是重新和父母的内在产生联结感、信任感。

我们必须认清他们的状态，洞察他们的潜力，相信他们会、他们能改变，他们可以在你的引导下，学到"界线"。这是我们做练习的最终目的。

界线锻炼

在这个练习里，我们必须学着 K 的做法，说一次话：

1. 说不

爸爸（妈妈），我不能给您这 5 万元。

爸爸（妈妈），我不能负担这笔钱。

爸爸（妈妈），我不能提高你的奉养金。

2. 我了解

我了解，听到这些，你现在一定很不舒服。

我了解，你一定觉得我很不孝顺。

我了解，你现在觉得自己命很不好，很苦。

我了解，你不开心。

3. 但是

但是，我不能给。

但是，我做不到。

但是，我不行。

4. 解释

不必解释你为什么不能给、你为什么做不到。

记住，你不需要对任何人解释。

你也不要回应任何发问。

人生难题不容易，但要靠自己

在这一章里，我们从小萍和 K 的故事，看到两个剧本，当作镜子。人生的难题，不是那么容易。人生的难题，要靠我们自己，为自己披荆斩棘。

第 6 章

金钱性格：
一个人花钱的习惯、喜好、品位

　　每个人都有自己独特的气质。就连刚出生的宝宝，都有性格：有的婴儿敏感、爱哭；有的婴儿活泼、爱笑。各个张扬舒展，迥然各异。

　　我们活着，就像种子，发出嫩芽，长成嫩茎。每个人因气质、经验和环境不同，会有不同的脾气，做出不同的回应，这就是"性格"。性格，影响了决定；决定，塑造了习惯；习惯，塑造了关系。假如性格、习惯不合，会让人精疲力竭，关系分崩离析。明桂和她前男友的情况，就是一个典型：

　　明桂是某个园区的软件工程师，打算在 36 岁结婚，嫁给 40 岁的志杰，彼此都有积蓄。

　　明桂工作压力大，一直想离职。她花了七八年，好不容易存下 100 万元的离职准备金，竟然在结婚前，被志杰花得一干二净。

　　志杰拿明桂的 100 万，加上自己的 200 万元，买了一台特斯拉。他是有品位的人，对好的、新的东西，勇于尝鲜。但他这个做法，触及了明桂的底线。

明桂是朴素的女孩子，从小孜孜矻矻，生活简约。她看着未婚夫追求高级、追求品位，心里七上八下，很不是滋味。于是挣扎着、煎熬着，最终二人大吵一架，解除婚约。

明桂跟志杰，对于生活品质、理财方式，有完全不同的见解。明桂重视安全感，而志杰重视品位。他们还没踏入婚姻，就已经磕磕碰碰。这种处境，我能体会。

年轻时，我有 28 双鞋、45 件 T 恤、60 条裙子、142 件上衣，鞋盒砌起了整个墙面。墙面下，散落着皮带、包包、发带、内衣……像动物园"蛇类展示区"的蛇，一卷一卷，到处都是。

我先生的衣橱里，却干净得像豆腐店。一件内衣穿 14 年，没有破洞就不会扔；一件外套挂了 20 年，袖口都磨到起毛了，他也不在乎。我总挑剔他，看他不顺眼。

我会说："你不要穿这么破好不好，我觉得很难看！"或说："你头发能不能找个厉害一点的设计师剪啊？怎么剪得这么丑！""你搞什么呀！鞋子可不可以换一下？看起来很旧耶！"

我先生则会说："你不是有一件跟这个很像的吗？"或说："为什么要在外面吃，我们回家自己煮不好吗？"有时话讲得比较重，就会说："你再这样子买，我们会存不住钱！"

我们的"金钱性格"，从结婚开始，就从未"和谐"。

金钱性格的两种类型

"金钱性格"是什么？"金钱性格"是指一个人习惯、喜好、品位的总合。这是一个人"花钱的特征"，通常能分为以下两个类型：

一是节省型，二是享受型。享受型的人，喜欢买漂亮的东西、住漂亮的房子、买最新的手机和效能最好的电脑……住得差一点，吃得差一点，会让他感到不舒服——我和志杰，就是这种类型。

相反地，节省型的人，相信"勤俭是美德"，即使穿得旧一点、吃得简单点，也甘之如饴——我先生和明桂，就是这种类型。

而节省型和享受型的人，配对在一起，会出现以下三

种组合：

妻 ＼ 夫	节省型	享受型
节省型	节省型 + 节省型	享受型 + 节省型
享受型	节省型 + 享受型	享受型 + 享受型

这三种组合，各有各的挑战，各有各的问题。

三种金钱性格的关系组合

节省型 + 节省型：标准的 "铁公鸡"

朋友 M 跟太太 S，是标准的 "铁公鸡"。

M 住在上海，那里夏天酷热、冬天严寒，但 M 夏天不

开冷气，冬天不开暖气，热了就光着上身，打开窗户，睡

在地板上；冷了就包着棉被，束着腰，煮饭炒菜。

S 面对先生的行径，不但没有抱怨，甚至 "精益求

精"：她会花五个小时做一块萝卜糕；花四个小时擦洗自

己的汽车；淋浴后的脏水，放满在浴缸里，隔天拿来冲马桶、洗地板；晚上为了省电只开一盏灯……种种行径，让人惊叹。

M 的儿子 16 岁，从上高中开始，逐渐对父母不满。

他觉得爸妈省钱省过了头，让他备感压力。他目睹父母互相指责，批评对方乱花钱，这让他更感到压抑和无力，常徘徊着不回家，拒绝和父母沟通。

M 和 S 最终省了钱，却疏远了儿子。

节省型＋享受型：标准的"向左走，向右走"

朋友 D 跟女朋友 B，是标准的"向左走，向右走"，性格大大不同。

D 对 3C 产品热情如火。他的薪水，70% 拿来买电脑、手机、游戏、屏幕、音响……几乎一毛不剩，没有积蓄。

B 是实习老师，薪水很不稳定。她总忧心忡忡、未雨绸缪，存下一笔又一笔定期存款，让自己安心。

B 和 D 交往五年，始终论及婚嫁，但没有执行。B 开始怀疑，D 是不是只顾眼前、不负责任，不足以托付终身？D 则感觉 B 很无趣、很小家子气，和她相处，总觉得越来越不自在、越来越不愉快。

D 和 B 的爱情，眼看越来越淡，婚期遥遥无期。

享受型 + 享受型：标准的"月光族"

朋友 W 跟男友 V，是标准的"月光族"，以债养债，成了卡奴。

W 有三个爱马仕包，40 双 Jimmy Choo（周仰杰）的鞋子，偏爱御木本的珍珠，一个月 48000 元的薪水，扣掉房租、吃饭，全买了奢侈品。

V 在商场里，开了一家二手包专卖店。他的生意不好，但眼光很高。V 一年到巴黎两次、米兰三次，所有旅费、进货费、囤货仓储费，侵蚀了 V 的利润，几年下来，颗粒无收，以债养债，存不住钱。

V 的爸爸，最近常住院。V 凑不出病房费，W 借不出病房费；两人困坐愁城，心情沮丧，于是互相指责，评论对方无能。

没有成就感的生活，让他们奄奄一息，互相推诿。

金钱性格测验——你是哪种组合？

你对现在的生活状态（生活环境、旅游计划、休闲娱乐），有什么感想？

我　伴侣

☐　☐　非常满意，我什么都不缺。

☐　☐　满意。没什么好抱怨的。

☐　☐　不满意。我只是忍耐而已。

☐　☐　非常不满意。我不喜欢现在的生活。

你曾经抱怨过吗？

我会批评另一半太会花钱。　☐ 会　☐ 偶尔会　☐ 不会

另一半批评我太会花钱。　☐ 会　☐ 偶尔会　☐ 不会

你是什么金钱性格？

我需要奢侈品才会舒服。　☐ 是　☐ 不是

我坚持买高品质的产品。　☐ 是　☐ 不是

外表打扮得体很重要。　☐ 是　☐ 不是

约会时，我常常让人等我。☐ 是　☐ 不是

检查你有几个"不是"：

两个及以下：享受型

三个及以上：节省型

你们是什么性格组合？请打钩。

☐ 节省型 + 节省型

☐ 节省型 + 享受型

☐ 享受型 + 享受型

三种组合常出现的问题

节省型 + 节省型：失去人生乐趣

表面上，节省型 + 节省型的组合，吃得简简单单，穿得朴朴素素，不旅行，不买包，理应平平淡淡，和和谐谐，但实际状况，却不是这么回事。

节省型的人，容易累积压力，也会给其他家人造成压力。他们就像穿着制服的高中教官，严以律己，严以待人，让所有人感到压抑。

在节省型 + 节省型的家庭里，孩子们不得不穿旧衣、拿旧手机、开旧车、吃剩菜剩饭，失去许多人生乐趣；他们重复索然无味的生活，为一个"一切从简"的原则而坚持着，始终不放松。

这样的家庭，让所有人都失去能量，闷闷不乐。

节省型 + 享受型：争吵不断

节省型和享受型的组合，是彻底"三观不合"。

节省型的人重视安全感，享受型的人重视生活品质。两个人相处起来，往往指责不断：一方嫌对方"只顾眼前""太过浪漫"；一方嫌对方"太小气""生活无趣"……

彼此都不舒服，也不让步，只觉得对方很难沟通。

节省型＋享受型的家庭，如果沟通不良，容易失去平衡，争吵不断。

享受型＋享受型：卡奴候选人

享受型＋享受型的组合，是挑剔的艺术家，重视生活品质，眼光凌厉，品位独特，绝不妥协。

他们意志坚定，但危机四伏，如果没有危机意识，往往成为卡奴、欠下巨债，成为家人的负担。

各组合问题的解法

节省型＋节省型：戒除"不合理"的省钱习惯

解决这个组合的问题，关键在戒除"不合理"的省钱习惯，合理安排自己的资源。

有些省钱方法已经不合时宜，虽然看起来可以省钱，往往事倍功半、拖沓浪费，更为低效。

要测试省钱的方法到底有没有效益，首先要把时间换成钱，计算你自己洗车、煮饭、开旧车、不换电脑……这类行为的价值。

只有在计算每小时收入后，你才能看出，自己洗车、打蜡，是不是一件很划算、很省钱的事情。或许可以把同样的时间，花在别的事情上，增进自己的生活品质，与家人的关系变得更紧密，让自己更快乐。

接下来的几个做法，你可以试试看。

1. 列举你省钱的做法

行为	做法	花费时间
自己洗车、打蜡	买了抹布、水枪，把汽车挪动到空旷地方	8 小时／周
搜寻特价商品	四处搜集广告，剪下优惠券，去店里	6 小时／周

2. 选中其中一个，进行分析

这些都是你做过的省钱方法，但是划不划算呢？

你有没有想过，如果你把洗车的时间，拿来跟孩子打球、陪太太聊天，甚至健身、运动，让自己变得更有精神、更健康，是不是更划算呢？

接下来，你可以根据每一个省钱方法，计算你省下的钱，并且计算时薪。用这种方式，你能清楚看到，自己检讨一下，用这个方式，到底划不划算：

(1) 省钱的方法：自己洗车、打蜡

(2) 省了多少钱？200 元／次，一周 2 次，共 400 元

(3) 花了多少时间？8 小时

(4) 换算成时薪：400÷8=50 元／时

(5) 时薪 50 元，你满意吗？

(6) 如果不满意，你能把洗车的时间，拿来做其他什么事？

增加我的金钱：我可以读一本财务金融方面的书

丰富我的体验：我可以参加登山社，每周爬山

提升我的人际关系：我可以陪儿子打球、陪女儿看电影

自己做一遍：

---

(1) 省钱的方法：

(2) 省了多少钱？

(3) 花了多少时间？

(4) 换算成时薪：　　　/小时

(5) 时薪　　元，你满意吗？

(6) 如果不满意，你能把洗车的时间，拿来做其他什么事？

　　增加我的金钱：

　　丰富我的体验：

　　提升我的人际关系：

节省型＋享受型：价值观没有对错，但沟通很重要

节省型＋享受型的家庭，有着截然不同的价值观。价值观没有对错，但是沟通就非常重要。

这个类型的伴侣，需要谨慎地处理差异，常常互相沟通、讨论，找出各自性格的源头，互相理解，同时谨慎发言。下面是对话图示，给你做个参考：

1. 聆听 VS 拒绝

聆听

妻：我觉得要谈一谈现在家里的经济状况。

夫：嗯。你说吧。我听。

拒绝

妻：我觉得要谈一谈现在家里的经济状况。

夫：唉……又来了，有什么好谈的？又怎么了？

2. 描述情绪 VS 责备、谩骂、威胁

描述情绪

妻：我觉得最近现金有点紧，不知道怎么回事。想找你问问看。

夫：感觉你有点担心。你是不是觉得账有点乱，不知道钱花到哪里去了？我理解你的感觉，我也有点担心。

责备、谩骂、威胁

妻：我觉得最近现金有点紧，不知道怎么回事。想找你问问看。

夫：你不要怪到我头上噢！

我该花的钱花，不该花的钱不花，我不会乱买东西！（责备）

钱都是你管的，怎么管得乱七八糟的？你有那么笨吗？（谩骂）

再不弄清楚，我们一起去住天桥下好了啊！（威胁）

3. 描述问题 VS 命令、控诉、讽刺、诅咒

描述问题

妻：我已经一个月没记账了，买的股票也没关心，很久没有整理报表，完全不知道一年能存多少钱，只觉得账户里的钱一直减少，有点怪怪的。我怕年轻没存住钱，将来不知道怎么办。

夫：听起来，你因为账目不清楚、现金减少，有点担心未来是吗？

命令、控诉、讽刺、诅咒

妻：我已经一个月没记账了，买的股票也没关心，很久没有整理报表，完全不知道一年能存多少钱，只觉得账户里的钱一直减少，有点怪怪的。我怕年轻没存住钱，将来不知道怎么办。

夫：马上把账算清楚！快一点啊！（命令）

你看到我工作有多累吗？你还要我管账？你有没有良心？（控诉）

好啦！每天吃饱睡，睡饱吃啦！当家庭主妇，你好棒啊！（讽刺）

管个账都能管成这样，其他也不用指望了啊！（诅咒）

类似这种对话，能对照出各种情境。请这类型的人，注意沟通技巧，不要让语言成为破坏信任感和关系的机关枪，让爱的流动持续。

另外，我有一个特别的建议：

我建议这个类型的伴侣，要能坐下来，订出协议。比如对享受型的人，要提出"一个月外食几次？""一年旅行几次？""一年买几个包包？"这类问题，伴侣一起写下来，变成共识。

我承诺，一年旅行（　　　）次，花费不超过（　　　）元。

我承诺，一年买包（　　　）个，花费不超过（　　　）元。

我承诺，一年买保养品，花费不超过（　　　）元。

每一次发生争执时，再把"共识"拿出来，一起对应。类似这种做法，能把冲突降到最低。

享受型 + 享受型：需要正视自己的问题

这个类型的组合，往往过度乐观，缺乏危机意识，累积许多问题。为了处理这些危机，我们应当让自己正视问题。

首先，请作答：

□是　□否　你们的储蓄是否持续减少，债务持续增加，长达一年以上？

□是　□否　这并非我们预料到的，我们也不知道该怎么做才能改善情况。

如果两题答案都是"是"，那就表示你们的财务状况可能并不乐观。再放任下去，只会越来越糟，拖垮家庭。

接下来，请回想过去一年里，你买过最贵的东西，填在下页的表格里，然后回答接下来的问题：

价格：　　元

工作：　　小时

1. 你月薪多少钱？　　　　（　　　）元

2. 你一个月工作多少天？　　（　　　）元

3. 你日薪多少钱？　　　　　（　　　）元

4. 你一天工作几个小时？　　（　　　）元

5. 你时薪是多少钱？　　　　（　　　）元

6. 真的吗？（把你为工作而通勤、按摩、报复性旅行和发泄的时间也算进去）

1 2 3 4 5 6 7 8 9 10 11 12 1 2 3 4 5 6 7 8 9 10 11 12

7. 你一天工作几个小时？　　（　　）元

8. 你真正的时薪是多少？　　（　　）元

9. 把你总共要花多少小时才能买到这样东西的时间填在下面的表格里。

> 价格：　　元
>
> 工作：　　小时

这个练习是为了让你认识到，你要花多少个小时，才能买到现在身上这个最贵的东西。这样能帮助你理解金钱、重视金钱。其实你买的每样东西，都是花掉了你的生命与活力得来的。你得想清楚，为这一样东西，付出了这么多时间，到底值不值？

其次，请整理出你家的财务报表，估算每个月开支，如表 6-1 所示。

▼ **表 6-1　每月收支图表样本**

月份：_____

支出	金额	支出	金额
食		医疗	
早餐		诊疗费	
午餐		药品	
晚餐		保健品	
夜宵		娱乐	
饮料		电视 / 电子游戏	
住		线上影音 / 电影	
房租		嗜好	
水电煤气费		酒类	
旅馆		行	
网费		油钱	
手机通信费		维修	
家具		公共交通	
电器		停车	
衣		其他	
置装费			
剪发			
化妆保养品			

收入	金额	收入	金额
薪水		利息	
奖金 / 小费		中奖	

支出总和 ＿＿＿＿＿＿＿＿＿＿＿

收入总和 ＿＿＿＿＿＿＿＿＿＿＿

收入－支出（存款）＿＿＿＿＿＿＿＿＿＿＿

你们仔细想想，自己能减少哪几项支出？省下哪些钱？

可以省的项目	金额

然后，给自己一个目标：我每个月要省（　　　）元，夫妻俩一起签名。

如果属于这个类型，你能做的就是面对问题，处理问题，保持理性。

切记，性格人人不同，解法各自迥异。

只要理解自己、怀抱虚心，就能逐步向上，平衡人生。

第 7 章

金钱蓝图：有步骤、有阶段的『预想』

最近，宜臻忙着离婚。

宜臻在结婚以前，每年出国两次，偶尔去住民宿。她在饭店工作，喜欢四处旅游，非常活泼。

宜臻的爸爸是成功的商人，她是老幺，从小不缺钱。但35岁结婚之后，一切都变了。

宜臻的先生是台南人，勤劳诚恳、体贴温柔。交往的过程，宜臻像个公主，备受呵护。先生吃苦耐劳，擦地、煮饭、洗衣、洗碗，样样精通，宜臻被照顾着、被呵护着，满是幸福。

他们结婚，买了新房。一年前，宜臻怀孕了。就在幸福的时刻，冲突悄然升高：

宜臻发现，先生坚持在家煮饭，餐餐煮、餐餐洗，有剩菜剩饭，一律留着再热，直到吃光。

其次，她发现，再也不能外宿，因为民宿贵，而且不安全，所以先生锱铢必较、谨慎花钱，她的每一笔支出都被驳回。

最让她难以忍受的是，先生每晚翻她的钱包，找出发票，检查每一项标价。她自认不是犯人，哪能忍受监控？于是大吵一架，搬回娘家，再也不回头。

在咖啡厅里，宜臻哭得肩膀直抖。她描述先生批评她"不会想""不懂事"，他拍着桌子，要宜臻忍耐几年，等储蓄险还清、房贷还完，日子会慢慢好过。

宜臻理解先生的苦衷，他有个患小儿麻痹症的弟弟，爸爸种田，妈妈帮佣。她能体谅先生锱铢必较、谨小慎微的态度，但完全不能接受"年轻时吃苦，年老时享福""守得云开见月明"的人生蓝图。

宜臻说："不能下馆子，不能看电影，有钱也不能买东西，一定要存到银行去。我什么时候才能好好过日子？棺材里装的不是老人，是死人。如果我 50 岁就走了，存这么多钱干什么？我到底结这个婚，要干什么？"

她不相信人生该束手束脚、得过且过。她认为，婚前要过得好，婚后也要过得好；年轻时要过得好，年纪大了也要过得好。那种"守得云开见月明"的人生，她不要；那种"愿景不一"的婚姻，她不要。于是她坚持离婚，绝不回头。

一场"蓝图之争"，最终成了爆发的导火线。

对于金钱状态的预想，每个人都不同

"蓝图"是对某个事物的预见和想象，那是一种有步骤、有阶段的预想，各式各样，每个人都不一样。

当我们请一个 20 岁的年轻人预想自己的"人生蓝图"，他会想象自己 20 岁、30 岁、40 岁的样子，甚至 80 岁、90 岁的样子……他像拼图一样，预想自己的生活、拼凑自己的模样、投射自己的渴望，最终连接起来，变成一串人生图像。这个过程，跟一个人预想"金钱蓝图"的过程，一模一样。

人生蓝图，是对人生状态的预想；而金钱蓝图，是对金钱状态的预想。

宜臻的先生很节省。他从小吃苦，不注重享受，长大之后，继续节制地生活，毫不注重享受，很容易满足。

如果请宜臻的先生预想自己的金钱蓝图，他很可能会认为，人年轻的时候要省，结婚的时候要省，年纪大了还是要省。人只有到了 60 岁了，责任尽了，才能倒吃甘蔗，平淡度日。他的金钱蓝图，如果画成一张表，是如图 7-1 所示的样子。

但宜臻却不一样了。她爸爸是商人，经营板模工厂，家

里住着小透天*。她每年出国旅行，每周出外聚餐，从小舒适
安逸。在她的预想里，自己的人生应当一帆风顺，即使结了
婚，还是可以出国旅行，买一些喜欢的东西，过得舒舒服
服，没有烦恼。就算年纪大了，也平平稳稳，不需要缩衣节
食。没想到 35 岁结婚之后，生活竟然发生了巨大的变化。

她的金钱蓝图，如果画成一张表，会是如图 7-2 所示
的样子。

对照一看，宜臻夫妻俩的"金钱蓝图"，完全无法重
叠，如图 7-3 所示。

宜臻和先生的金钱蓝图为什么这么不同？最主要的原
因，还是过去的经历不同。

宜臻的先生花钱谨慎。从小，他的书包、课本、制服
都是旧的；父母非常节俭，也鼓励儿子不要修饰自己、注
重享乐。奋斗 30 年后，宜臻的公公婆婆还清了房贷，存下
几百万的现金，生活简朴平顺。宜臻的先生大学毕业，努
力工作，认真存钱，积极投资，未雨绸缪。

宜臻是老幺，她出生时，父母已经 40 岁了，工厂生意
稳定，有许多积蓄。结婚前，宜臻住在家里，帮爸爸跑跑

---

* 编者注：透天在台湾指"顶天立地"式的建筑，即完整拥有一楼地面
  庭园及屋顶的使用权。

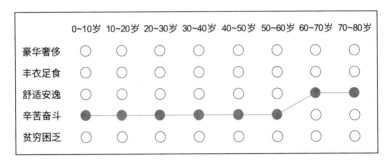

▲ 图 7-1 宜臻丈夫的金钱蓝图

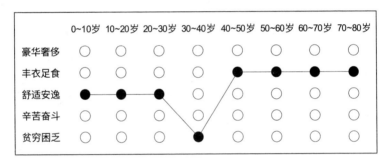

▲ 图 7-2 宜臻的金钱蓝图

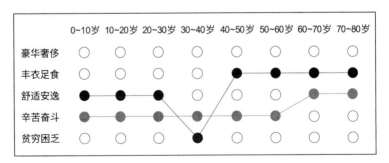

▲ 图 7-3 宜臻夫妻俩的金钱蓝图
（宜臻是黑点／先生是棕色点）

腿、打打杂，不需要储蓄，不用费心去投资，虽然只有一份兼职，但在父母的庇荫下，日子轻松惬意。

结婚后，宜臻的先生存钱、省钱、持续投资，但宜臻却感到压抑，她不能随心所欲、无忧无虑，她必须克制自己，承受丈夫监视自己的压力。为钱吵架时，她感到绝望和沮丧，在绘制金钱蓝图时，很直觉地把结婚时的"30~40岁"的阶段，画在谷底，如图7-4所示。

而宜臻的先生却把"30~40岁"的这个阶段，画在"辛苦奋斗"状态里，如图7-5所示。

我的天，宜臻先生认为的"辛苦奋斗"，对宜臻而言，根本是"贫穷困乏"的地狱。他们夫妻俩对现状的认知根本不一致，甚至对未来的期待也完全不一致——宜臻期待未来"丰衣足食"，先生却期待"舒适安逸"。这种分歧，足以让夫妻离异。

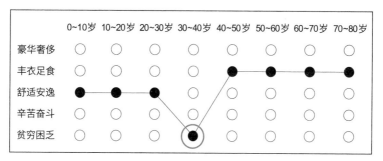

▲ 图 7-4　宜臻"30~40岁"阶段的金钱蓝图

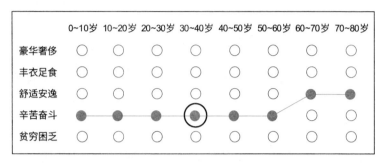

▲ 图 7-5　宜臻丈夫"30~40 岁"阶段的金钱蓝图

我们该怎么做

人的大脑就像电脑硬盘，我们独特的经验、知识，就像在硬盘里装入的软件，一旦启动、联结，就开始运算、执行。所有与它"不兼容"的软件，都会被过滤。宜臻和先生就是遇上了软件屏蔽，大脑当机。要恢复功能，只能修改软件，进入"兼容模式"。

共同修改蓝图的升级指引

我在协助宜臻夫妻的过程中，请他们接纳彼此。

任何人的经验都不是错的，也不是坏的，只有彼此理解，互相澄清，才能共同"升级软件"、修改蓝图，恢复功能，趋向同心。

接下来是我从乔纳森·里奇的书中，得出的"升级指引"：

回想父母是怎么花钱、存钱的？

1. 先生

2. 太太

从对方的花钱、存钱习惯中，找到可取之处，夸奖他（她）

1. 先生夸奖太太

2. 太太夸奖先生

从对方的花钱、存钱习惯中，找到需要改进的地方，提醒他（她）

1. 先生提醒太太

2. 太太提醒先生

谈谈你对现在生活的评价，想想你满不满意

1. 你说

2. 他（她）说

谈谈你对未来生活的渴望，想想你为什么会有这种渴望

　　1. 你说

　　2. 他（她）说

绘制彼此的金钱蓝图

提示：依照自己的状况，先将圆圈涂色，再将各个圈连成一条线。

1. 先生

	0~10岁	10~20岁	20~30岁	30~40岁	40~50岁	50~60岁	60~70岁	70~80岁
豪华奢侈	○	○	○	○	○	○	○	○
丰衣足食	○	○	○	○	○	○	○	○
舒适安逸	○	○	○	○	○	○	○	○
辛苦奋斗	○	○	○	○	○	○	○	○
贫穷困乏	○	○	○	○	○	○	○	○

▲ 图 7-6　绘制先生的金钱蓝图

2. 太太

	0~10岁	10~20岁	20~30岁	30~40岁	40~50岁	50~60岁	60~70岁	70~80岁
豪华奢侈	○	○	○	○	○	○	○	○
丰衣足食	○	○	○	○	○	○	○	○
舒适安逸	○	○	○	○	○	○	○	○
辛苦奋斗	○	○	○	○	○	○	○	○
贫穷困乏	○	○	○	○	○	○	○	○

▲ 图 7-7　绘制太太的金钱蓝图

对照彼此的金钱蓝图，整合在一张图里

	0~10岁	10~20岁	20~30岁	30~40岁	40~50岁	50~60岁	60~70岁	70~80岁
豪华奢侈	◯	◯	◯	◯	◯	◯	◯	◯
丰衣足食	◯	◯	◯	◯	◯	◯	◯	◯
舒适安逸	◯	◯	◯	◯	◯	◯	◯	◯
辛苦奋斗	◯	◯	◯	◯	◯	◯	◯	◯
贫穷困乏	◯	◯	◯	◯	◯	◯	◯	◯

▲ 图 7-8　整合双方的金钱蓝图

你们的金钱蓝图一致吗？

　　和另一半讨论，如何修正金钱蓝图，让蓝图路线趋向一致。

以我为例，我和先生的做法

回想父母是怎么花钱、存钱的，你有没有受到影响

1. 先生

- 我家里务农，妈妈非常节省，很少外食，都自己煮饭。
- 我爸爸非常节省，非常勤劳，一件衣服穿十几年，一双鞋子破了也舍不得扔掉。
- 我长大之后，很少买东西给自己。
- 我也很勤劳、很节省，很喜欢在家里煮饭，不重视享受。

2. 太太

- 我家里不是很有钱，但是妈妈做生意，现金来得快，花钱很随性。
- 爸爸对投资一向不关心。他对自己花了多少钱、剩下多少钱，没有概念。
- 我父母都非常勤劳，努力赚钱，努力花钱，没有预算概念。
- 长大之后，我跟父母一样，勤劳、随性，对投资没有概念，也不关心。

从对方的花钱、存钱习惯中，找到可取之处，夸奖他（她）

1. 先生夸奖太太

- 谢谢你会买装饰品，把家里布置得很美丽。
- 谢谢你会花钱在旅行、培训、买书上，让我的生活变得很丰富、很有趣。
- 谢谢你花钱让孩子学画，培养他们美感。

2 太太夸奖先生

- 谢谢你欲望简单，生活朴素，不乱花钱。
- 谢谢你检查东西有没有吃完、浪费，提醒我们注意。
- 谢谢你没有抽烟、玩电子游戏、收集模型的习惯，让我们省下很多钱。

从对方的花钱、存钱习惯中，找到需要改进的地方，提醒他（她）

1. 先生提醒太太

- 你的金钱目标定得有点高，让我感到有压力。
- 你偶尔还是会乱买东西。
- 你花钱总有理由，但理由往往与心情有关。

2. 太太提醒先生

- 能不能买点好看的衣服？穿十几年的衬衫，都成梅干菜了。
- 跟你逛街，听你念"这不需要""买这干吗"，让我想一头撞死。
- 人要有野心、有梦想。在赚钱这件事上，只图平平顺顺，那有什么意思？

谈谈你对现在生活的评价，想想你满不满意

1. 他说

- 我现在什么都不缺，我很满意。

2. 我说

- 我觉得现在很富足。
- 我在想，也许现金流再多一些、学费负担再少一些，我会感觉更宽裕。

谈谈你对未来生活的渴望，想想你为什么会有这种渴望

　　1. 他说

- 人活到老，够用就好。

- 我没有太多欲望，也没有太多野心。全家人平平安安，开心就好。

- 我觉得现在就很好，一直维持这样就很好。

- 如果年纪大了，钱少一些，我也能适应。

　　2. 我说

- 我渴望年纪更大时能有更多收入，更不需要担心钱。

- 我现在可以节制地过日子，但是未来想要四处旅行，有钱有时间。

- 我渴望老了之后能活得比现在更精致。

绘制彼此的金钱蓝图

提示：根据自己的状况，先将圆圈涂色，再将各个圈连成一条线。

1. 先生

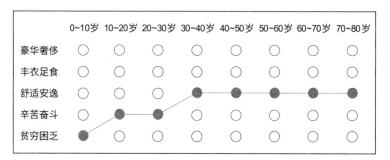

▲ 图 7-9　我先生的金钱蓝图

2. 太太

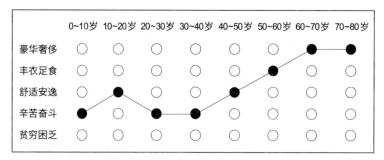

▲ 图 7-10　我的金钱蓝图

对照彼此的金钱蓝图，整合在一张图里

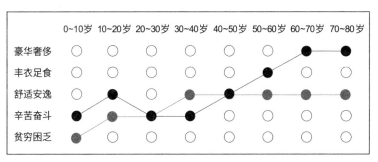

▲ 图 7-11　整合我和先生的金钱蓝图
（我的是黑点）

画出金钱蓝图时，我非常惊讶。从蓝图上，我和先生这些年累积的冲突，看得清清楚楚。

我先生从小吃苦耐劳，他和宜臻的先生一样，觉得年轻时省着过没什么，只要等到五六十岁以后，孩子大了，慢慢就会变好了。而我小时候，家境不好，但到了 20 岁出头，妈妈生意稳定，我当时的状态是不匮乏，是富足的、随性的。我以为结婚之后，我能维持现状，甚至过得更好，财富累积得更快，年纪大了再变得非常富裕……我脑中的金钱蓝图是这么绘制的。

有趣的是，从蓝图来看，我的经济状况在结婚之后（20~30 岁）是突然下坠的。我被迫接受一笔债务，现金流

吃紧、收入没有提高，过得非常压抑，改变比较剧烈，如图 7-12 所示。

但同一个时期，从我先生的金钱蓝图看来，他的起伏就平稳得多，如图 7-13 所示。

我恍然大悟，难怪那个时期他的反应没有那么剧烈，抗拒感也没有那么高。

更有趣的是，我发现我和先生，对未来的期望落差很大，如图 7-14 所示。

我先生在乡下长大，他觉得人活到老，钱够用就好，平安是福、知足是福。他的野心没有这么大，愿望没有那么多，所以他的蓝图，从 30 岁到 80 岁为止，都停留在同一个状态里，而我不是。

从蓝图来看，我渴望提升、渴望进步，渴望在现有的基础上，达到更高的标准，过上更精致的生活。这种落差，让我们常起冲突。

我们画完图，确实坐下来，喝口茶，慢慢谈过。

我们互相讨论彼此的花钱习惯、彼此的期望、彼此对现状的认识，然后搂搂肩膀，互相理解。

我告诉他，我必须要买几件衣服，但也会省下一些非必要花费。而他听完我讲的之后，也愿意调整自己的购物

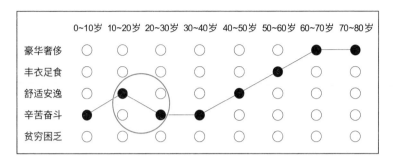

▲ 图 7-12　圆圈处，即背负大哥卡债的时间点

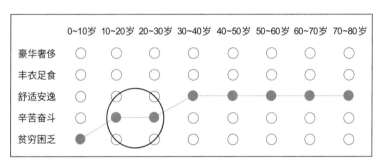

▲ 图 7-13　圆圈处，即背负大哥卡债的时间点

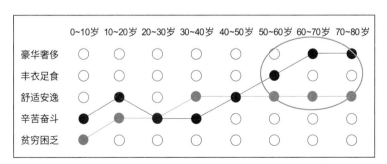

▲ 图 7-14　我和先生的金钱蓝图对未来的期望落差很大

习惯，扔掉太旧的衣服，买些漂亮的鞋子，而且把花钱的
标准放宽。

更重要的是，我们说出自己的愿望，说出自己到
六七十岁时期望的财务状态，互相确认，彼此激励。

我理解他的期望，他理解我的期望，我们彼此修正，
互相靠拢，一起建立新的金钱目标，而且让梦想中的生活
图像变得清晰可见，变得一致。

我们重新绘制了新的蓝图，并调整最终期望：

我把 80 岁的目标，从"豪华奢侈"改到"丰衣足食"；
我先生从"舒适安逸"调高到"丰衣足食"，我们的蓝图重
叠了，目标重叠了，我们感到满意，如图 7-15 所示。

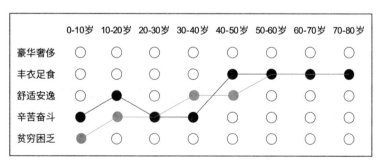

▲ 图 7-15　沟通后，我和先生重新调整的金钱蓝图

最后，我提供我们的做法，让你也可以参考：

---

1. 我们一致决定，要经营"宽裕"的财务状态。所谓宽裕，是指有（　　　）元的退休金。

2. 我们会持续记账，追踪年支出，累积储蓄，直到目标存到每年（　　　）元。

3. 我们会持续投资，追踪报酬率，累积本金，预计年报酬率（　　　）%。

最后，认真看待并规划金钱蓝图，是夫妻应该要做的事情。

记住，老婆（老公）是你最大的理财摩擦力，一旦她（他）有意见，所有努力都白费力气。

PART 3

如何设立与家人的财务界线？

¥

第 8 章

金钱界线的五大原则

每一天，我们起床，生活充满了意义。

我们要上班，要健身，要煮饭；我们要缴汽车保险，要参加婚礼，要准备家庭聚餐……我们知道自己"应当做什么"（存第一桶金、还房贷、培养孩子读书习惯、关心朋友、孝顺、勤奋、节俭），"不应当做什么"（吸毒、杀人、赌博、酗酒、偷窃）。我们胸有成竹，胜券在握。

我们活着，就像开着一辆配有导航的汽车。只要轻轻敲击电子屏幕，搜寻一下，随时可以俯瞰整条公路，安心前往目的地，没有困惑。

这种不困惑，来自一种"周详的视野"——一种对道德、人性、爱、快乐和自我价值的理解。我们相信自己是好人，而好人很孝顺，好人关心家人，好人有义气，好人会照顾自己、帮助别人……这些"应当做的事"和"不应当做的事"，在脑中组合得很协调；像开了导航一样，我们安心稳定，直到欠卡债的小姑、爱赌博的妈妈、投资屡屡失败的哥哥，搅乱我们的心智，把一切撞破。

什么是爱？什么是孝顺？什么是义气？在资源不够的

时候，我该优先照顾自己，还是别人？我自私吗？我苛刻吗？作为子女，作为兄弟，我有什么责任、什么义务？

我们的理智和情感纠结成一团，导航系统失效了，我们失去了稳定，无比脆弱。

这种脆弱，我确实经历过。

16 年前，当我说"谁欠的钱，就谁还"的时候，我的眼眶发热，手心发汗，脸涨得通红。我想获得夫家认同，我不想成为爱计较、不识大体、不温柔、自私的女人，但我抗拒、厌恶、害怕背上 200 万元的卡债。我既认同，又不认同；我既想做，又抗拒去做。

婚姻似乎把我的权利跟义务，派生得更为复杂。

我对"应当做什么""不应当做什么"，一片混乱。我不知道该去哪里，我不知道该做什么，我不接纳自己的情绪，我指责自己的念头（我是自私的坏女人）。

经过这么多年，我才了解：当年的我，真正需要的就是"重置"（reset）。

重置，就像在一个复杂的地图里，"刷新"导航。

我需要把自己抽离，像俯瞰一整条高速公路，重新整理所有的原则——爱的原则、义务的原则、行动的原则。我必须在新的关系里重新定位，建立超越的、精练的、清晰的视野，明确什么是责任、什么是爱、什么是快乐、我有什么价值。

这些问题的答案，是沙漠里的北极星。当我们深夜独行在沙漠里，仰望北极星，足以定位，升起力量，涌起信心。

北极星的位置，是俯瞰的、超越的、触及一切的，是洞察的视野，是"原则"的视野。

我发现，当我厘清概括和普遍的原则，我能更稳定地、没有冲突地理解自己对大哥有什么义务，有什么责任；在我的储蓄跟他的卡债危机之间，该怎么排列顺序，建立秩序……我发现，我变得知道"该做什么"，知道"不该做什么"，我变得不再困惑、不再冲突、不再恐惧。

原则，帮助我进入平衡，建立内在的稳定，从容应对。

这是 16 年来我归纳出来的"北极星"。这是我体会到的"五大金钱界线原则"，希望也能帮助你。

第9章

因果原则：『不帮』才是真正的『帮』

18年前，我在台湾成功大学读研究生，在毕业前，我有研究经费，也兼任研究助理，一个月能赚25000元。

那时，我乐观鲁莽，挥霍无度，买衣服、租房子、买包包、化妆品、保养品……从不存钱，也存不住钱；毕业那天，我口袋空空、脑袋空空，开始实习。

当实习老师的第一个月，我的收入从25000元降到了零元。月中，我的钱包空了，手机停机，房租付不出来，我一副不知穷之将至的样子，慢吞吞掏了掏口袋，找出几个50元的铜板，买了一包苹果、一些面包、一颗高丽菜，加上半斤白米，企图以"面包36式"撑到月底。

我记得第二个月，男友就抢过账单，付清我的电话费；再下个月，他又抢过我的账单，付清我的信用卡费。我种下乱花钱的"因"，却不承受乱花钱的"果"。我不需要饿肚子，不会被房东赶出去，不会流浪街头，还能买各式各样的面膜。我一再乱花钱，因为别人替我承受了后果。我透支、再透支……从不收敛自己的生活。

回想起来，男友付清我的账单，就像伸手去接一颗要掉在地上的苹果，他破坏了地心引力，中断了"因果原则"。这种干扰，掐断了我的学习之火。

种什么因，得什么果；谁种的因，谁得的果。行动与结果之间，有一套完美的"学习程序"。中断学习程序，好比抽走别人的考卷，代他答题，这是作弊。

作弊，应付得了这次，应付不了下一次。

如果一个孩子，不懂得存钱，随意透支，欠下了卡债，妈妈却帮他还清，不让他承担后果。时间长了，他无法控制自己，无法规划未来，这种阻挠"因果原则"的行径，最终剥夺了他的潜力。

我常想，如果当年爸爸不代替叔叔偿还赌债，如果当年他能抵抗威胁和霸凌，坚持不帮叔叔还钱，也许叔叔承受了恶果（被追债、被殴打），会逐步修正，有所收敛。这种"不帮"，不也就是真正的"帮了"吗？

但回想起来，我陷入沉思。如果爸爸当年抵抗叔叔，他抵抗得了吗？如果换成是我，我抵抗得了吗？想到要面对摇头耍赖、破口大骂的叔叔，我深吸一口气，对爸爸当年的处境，感到同情。

设身处地，我不一定能承受得了叔叔的"攻击"。面对这么情绪化的人，我一定也会想逃开，也会想息事宁人、花钱了事……但过了这么多年，听了这么多故事，我总觉得，为了保护我们，爸爸必须反击，爸爸必须为自己、为我们做点努力。

我常觉得，面对同一个情境，不同的人有不同的反应。有的人，面对一个愤怒的人，会很害怕、很软弱；有的人，却能保持冷静、稳定情绪，变得很"抽离"。

"抽离"是一种距离，距离就是退一步。在心理上，把别人的情绪留给别人——他要生气，让他生气，那只是他心里的感觉，不会冲过来咬我或伤害我。我们要能坚定地，像隔着屏幕看连续剧一样，不跟着情绪起伏，不受影响，不让失控的人影响心情，试着把别人的愤怒留给别人。

每个人的心底，都住着一位斗士，勇猛强壮、思路清晰、目标明确、内心平静。我们必须召唤他、相信他，凝聚足够的力量来反击。

我在想，如果叔叔朝着我乱摔东西，破口大骂，我应该会深吸一口气，尽力控制住情绪，牢记自己的底线，冷静地说：

"不准再对着我大吼大叫。除非你冷静下来，不然我不会跟你说话。我现在要出门，你不要跟过来。"

我应该会离开现场，让他一个人待在那里。几天之后，再打个电话给他，告诉他：

“我知道我不帮你，你很生气。我了解你现在很难过。但是我有我的原则，除了钱以外，有什么我帮得上忙的吗？”

我应该会保持我的界线，让生气的叔叔学着控制自己，这也许是他一辈子都没学会的东西。如果他跟我决裂，再也不跟我联络，我想，我会咬着牙坚持住，绝不妥协，我会为自己努力，即使情况艰难，还是尽力。

这就好比牙医在牙齿上钻洞，这让我们一时痛苦。叔叔被伤（hurt）了，但不是被害（harm）了。吃糖果，让我们一时开心，我们被害（harm）了，却没有被伤 (hurt)了。我必须勇敢看着“钻出来的洞”，勇敢看着自己造成的“伤”（hurt），俯瞰终点，为自己打气。

我知道，**爸爸**不帮叔叔付赌债，会让他愁眉苦脸，唉声叹气。他会躲在家里、不接电话，甚至扬言自杀，要同归于尽。但爸爸必须勇敢，不能再退让、再容忍他的暴行，不能拿自己的幸福冒险，拿孩子、太太的幸福冒险。在关键时刻，我们都必须把头从沙堆里抬起来，面对问题，不再逃避，勇敢地投入战场，走出阴影。

我常想，如果当年爸爸不帮叔叔还债，但很有爱心、发自内心地说："除了帮你还钱，我还能为你做点什么？"爸爸表达关心，拍拍叔叔的肩膀，告诉他，他不容易，他承受债务一定辛苦了，并且送上几包大米、色拉油和食物（不是还赌债，而是在自己能力范围内，支持他的家庭与生活）。这难道不是符合"因果原则"，"伤"（hurt）而不"害"（harm）的做法？这难道不是爱？难道不是帮助？

我相信，"伸手去接掉下来的苹果"，只会让人软弱。

任何人只要真的想改变，就可以改变。我们可以改变职业，可以改变观念，可以改变行为。只要我们决定，我们知道要改变，我们就有巨大的能力，扭转习惯。

人有改变的潜力，也有改变的能力，不要掐断、中断"因果原则"，让它发酵发威，自行作用。

让苹果掉下来吧！让恶果发生！

我该付自己的账单，叔叔该付自己的赌债，我们都该付自己的钱！

负责守好自己的草坪

当有人无法控制自己、过度消费、操作高风险投资，最终引发财务危机，还向你求助时，你就该在篱笆上"加铁刺"了。

你要捍卫你的草坪，树立"闲人勿进！前有恶犬！"的标语，清楚地展现自己的"地界"。

做父母的，可以对孩子下最后通牒："你再不找工作，随便辞职，我不会再给你任何一分钱。我不会再帮你缴健保费、保险费、燃料税，你自己看着办。我说到做到。"

做儿子的，可以对爸爸说："如果你股票融资，再不控制风险，我就会再也不回家，直到你改变为止。"

这些后果，是你加在草坪篱笆上的"铁刺"。你必须让别人知道，我们守护自己的原则是真心诚意的。如果有任何人越界，你的"铁刺"就会刺破他的小腿，让他尖叫，让他流泪。

每一个"揭竿而起"的人，一定会付出代价。

当我们在人生中做出改变，结束一段受虐关系或勒索关系，就像戒酒、减肥、离婚一样，经常会经历一段酝酿期，而且遭遇强大反击：爸爸会骂人、妈妈会离家出走、妹妹会打电话骚扰、舅舅会刮你的车、弟弟会在脸书上留言辱骂……我们必须要有强壮的内心、坚定的承诺、极大的勇气，才能不走回头路，不妥协，不把头再埋回沙堆里。

在关键的时刻，我们要找"后援"。这是一件艰难的事，我们需要一支队伍，让我们不会崩溃。

闺密、其他的家人、教会团体、朋友、同学……都可以成为我们的援军，陪我们"预演"下通牒的情境，激励我们，为我们疗伤打气。

我们可能无法全身而退，我们可能会让情况变糟、吵闹变多，但我们不得不站出来，为自己而战，划下清清楚楚的界线。

我们不能冒险，不能让孩子、先生（或太太），陪着我们冒险。我们必须负责守好自己的草坪，不退让。

第 10 章

露出原则：
勇敢说出自己的不喜欢

多年前，我看了一部日本 NHK 真人纪录片，主角是日本贝儿多爸爸泡芙工房的泡芙之父，也是拥有海内外 350 家分店的企业家——由地广太的故事。

一开始，由地广太转过身，面对着镜头。他的颧骨很高，头发往后梳，露出苍白的高额头，双眼阴郁，嘴角下垂，像从罗马尼亚来的钢琴家。

"一开始，我就请儿媳妇说清楚，"由地广太向记者说，他吐字清晰，彬彬有礼，"我们住在一起，她必须直接告诉我，她不喜欢什么。"

"不喜欢什么？"记者问，"直接说出来吗？"

"是的。儿媳妇是陌生人，大家住在一起，她不喜欢什么，而不是喜欢什么，才是最重要的。"他把双手背在背后。我很惊讶地发现，这名企业家穿着全套净白的休闲服，布鞋也是全白的。"把自己不喜欢的事情说清楚，我们才能好好相处。"他笑了，笑容中蕴含着一种对人性的洞察与理解。

听完这番话，我印象深刻。这是一个懂得"界线"的老人给出的警世金言——将界线展露出来，让人看清楚。我当年就没做到这点，吃了很多苦。

16年前，我不舒服，我不喜欢，我也不愿意还别人的债，但我隐藏起来，不敢说出来。

我怕当坏人，我怕被看作"坏儿媳妇"；我害怕公公讨厌我、攻击我；我害怕自己失去形象，失去安全感；我更害怕自己"失去老人家欢心"，让自己失去未来的继承权。我不敢承担，也不想承担，于是扭曲着、伪装着，从不抱怨，从不谈论，只是垮着脸。

我想着："不行，这债我付得起，我没事，我会没事，我跟大家还是很好。"我越这样想，我的内心深处越愤怒。

怎么会没事？每个月要付钱，我什么也不能做，只能忍。我的内心深处酝酿各种怨怼："还会再发生类似的事吗？其他人还会再出事吗？再跟我借？"我的情绪开始发酵，怨怼开始沸腾，一大堆问题开始浮现：

我不爱回婆家，不去吃年夜饭；我不接婆婆的电话，挑剔先生买的东西……我压抑着不满，关系变得恶劣；但我不得不"假装"，因为"假装"让我感觉安全，我是一个儿媳妇，我需要安全。但过了那么多年，审视当年的选择，如果时光能倒流，到了今日，我想做出不一样的选择，我想做出改变。

我知道，实话很危险。但实话能让人自由，而自由值得为之冒险。

回到当年，我想，现在的我会选择告诉公公，我们没有自己的房子、没有存款，而且孩子要出生了，我需要为未来打算。我会直接（不通过传话）、坚定地说出我的经济状况，坦承我的需要（我需要存钱），我会宣布我的做法（从今天开始，我不付你们的房贷了），但同时表达我有弹性（你们需要什么？还有什么我能做的？也许帮你重新整理债务清单，帮你找更低的贷款利率，也许担任你的保证人），我关怀你们的需要。

回到当年，我该说"不"，带着恐惧，带着不安，带着勇气，大声说"不"。

我猜，公公应该还是会赶我出去，跟我断绝关系，让我难堪。我也许会成为亲友口中的"逆媳"，失去一些权利——不能回婆家、没有年夜饭、被剥夺继承权，但我不想放弃。我不想放弃让自己变成我想要的那种人。我不要唯唯诺诺、凄凄惶惶，我要勇敢，而且思想和行动一致。

我想，我会去找更多支持我的人，跟他们待在一起，保持联系。

我想，我会更努力地赚钱，兼一份差，结交新的朋友，尽力弥补损失。我想说出真话，得到拓展；我想说出真话，得到联结；我想露出自己的伤口，得到信任。如果回到当年，我不会放弃。

我到现在才懂，勇敢说出自己的不喜欢，是值得冒的险。

划清金钱界线时要注意的两件事

当你决定表露底线的时候，要注意以下两件事情：

1. 不要陷入"三角关系"；

2. 不要忘记问："我能为你做点什么？"

所谓"三角关系"，是指间接传话。比如说，儿媳妇跟婆婆吵架了，婆婆觉得自己很委屈，却不直接与儿媳妇谈清楚，反过来打电话给自己的女儿，抱怨儿媳妇，甚至请女儿传话，让儿媳妇道歉。这种间接传话，只会让关系变得更糟。

如果你要表露底线，请千万记住，要直接与当事人谈个清楚。如果是公公融资，要你还钱，你要当面跟公公表明你的"金钱界线"；如果是妹妹挥霍无度，要你还卡债，你要当面跟妹妹说清楚。不论产生什么后果，你都能做出行动，适应他们的"反击"：你的婆婆可能会拒绝帮你照顾小孩，你要找好资源，随时准备把孩子送过去；你的爸爸可能会跟你断绝来往，而你本来每个礼拜都要回家吃饭，现在你面临这种争执，可能要重新找到生活圈、朋友圈，建立新的生活模式……想好最坏的情况，做出准备，接受冲击。

我们必须看清现实，负起责任，组织一个可靠的顾问团，规划"脚本"，反复练习，然后行动。

首先要记得，只有在对方否认有问题时，或者发生你无法处理的情境，你才必须找别人商量。而这个"别人"，千万不要是你的闺密、朋友或跟你有一样处境的人（同病相怜者）。你要找的咨询者，必须是"走在你前面"、有好的沟通技巧、在这方面有很成熟经验的人——也许是咨询师，也许是其他专家，这些人才能给你帮助。一个与你同病相怜的人，只会跟你一起"留在原地"，一起生气。

其次，千万不要忘记，表露底线的时候，要在最后加上一句："我还能为你做点什么？"

因为我们关心他们，我们爱他们，他们是我们的一部分。还记得草坪的比喻吗？亲朋好友，跟我们同一个社区，我们彼此间有"篱笆"，但没有树起一道"墙"；我们互相关照，看得到对方，关心对方。邻居的草坪枯萎了，我们虽然不能踏进去，代他浇水，但能在他的门上，贴上一张提醒纸条；也许再加上一张名片，提供一名加装自动洒水器的厂商电话。我的意思是，当你露出"金钱界线"时，我们仍关心别人，仍能做点什么，让他得到帮助。

重要的事情，再说一次：

当你决定表露底线，不要陷入"三角关系"；不要忘记提醒，你在乎他们、你关心他们的需要，你充满了爱。这件事情一点也不容易，如果一时做不到，不要放弃。有时改变需要时机。做能做的，然后放松。

.

第 11 章

『为什么』原则：
看清你深层的动机

事实上，纵观我的家庭故事，敏锐的人会产生一种印象：我的父母很容易松开钱包，把钱借出去。

前文提到过，我爸爸为叔叔还赌债，长达20多年。妈妈跟着还债，还把叔叔的生活打点地更为周全——叔叔两个孩子的学费，都是妈妈付的，持续到他们22岁，长大成年。

在很长的时间里，妈妈的奉献让我难以理解。我不懂，妈妈为什么边恨却又边给钱？30年来，我看着妈妈满腹委屈、咬牙切齿，却又二话不说，松开钱包，我既心疼，又无法理解。

妈妈在去年，又借出10万元。整个过程，匪夷所思。她说某天下午，她认识了30年的闺密，突然冲进店里，跟她借钱。"她说很急！非常急！她有急用，谁知道急什么？"她嘟囔着，恼火得已经不知道是在骂谁。

"人家说个两句你就借了？她还了没？"我惊讶地望着妈妈。

她干笑了两声。"她走了呀……哎呀……得癌症好几

年了，做化疗也好几次了吧？上个月我还参加了她的告
别式。"

"那你的 10 万……"

"没啦。"妈妈疲惫不堪地耸耸肩，"人走了怎么还钱？
我欠条也没打，跟谁拿？那是帮奶奶做法会的钱，我后来
只好标会。"

我眨了眨眼，震惊不已，把双眼瞪得溜圆。我们沉默
地对视了一分钟，妈妈的脸拉长了，眉头拧了起来，嘴角
下垂。

我问妈妈，她到底为什么借钱？

妈妈告诉我，她不想让人家说她没有义气；朋友要化
疗、要看病拿药，也许临时有急用，不借出去，闺密会怎
么看自己？做人这么爱计较，其他朋友会怎么说？几十年
的交情，这话传出去，自己还要不要做人？朋友这么可怜，
她想做化疗、拿药、看诊，也许真的急需用钱。如果在这
种情况下，只顾自己，太没有义气了吧。

妈妈絮絮叨叨地说了下去，但她的声调已经低了一阶。
大部分愤怒已经消失，她此时话里焦虑的声调，让我陷入
沉默。

我静下心，在脑子里列出妈妈借钱的原因：

1. 怕看起来没义气。

2. 怕看起来爱计较。

3. 怕话传出去，别人会怎么说。

妈妈借钱，不是因为爱，而是怕失去爱，怕别人说她没有义气；怕自己成为一个不慷慨、没有爱心的人；怕别人怎么说她。她的内在满是恐惧，而她的害怕，绝大多数都是怕被孤立。

我仔细想来，发现很多借钱给别人、帮亲朋好友善后的人，他们的内在都有过类似的挣扎；他们的"为什么"，裹挟着各式各样的恐惧。

出于害怕

害怕失去爱

"如果我不帮爸爸还这笔一百万的融资债，他就会不理我了。爸爸只有一个，那样就只剩我一个人了。"

害怕被讨厌

"如果不分摊岳母的旅费，她讨厌我怎么办？她冷眼看人的样子好恐怖啊。"

害怕孤独

"我如果帮女婿付首付，他就会认同我很有心。他会知道，我是有能力的人，他会常常带女儿回来看我。"

害怕失去善良

"我不帮妹妹，我是自私的人吗？我只顾自己的小家庭吗？我是这么差的人吗？"

害怕愧疚感

"我当爸爸的，这辈子也没存下太多钱，将来留不了什么给孩子。她这点卡债，我应该帮她，如果连这点忙都不帮，我算什么爸爸？"

这些感觉，我完全能理解。我也怕拒绝朋友会让自己孤孤单单、伶伶仃仃，没有人可以陪伴，没有人可以联结。说到底，我也害怕被别人讨厌，被别人孤立，我的心也会摇摇摆摆，感觉不安全。

如果我是妈妈，遇到她的处境，我可能会动摇，会违背原则，放弃界线。我可能会红着脸，欲言又止，不敢拒绝……我也会踌躇着，怀疑自己不帮这个忙，会把对方推得更远。也许、也许……但再多的"也许"和犹豫，都不会让我们稳定下来，感到和谐。

违背自己的真心，边恨边给，边怨边借，就像侵入"内在的房子"，触动"警告系统"，让铃声大作，红灯闪烁；我们混乱、低落、摇摆、精疲力竭……

给，不是牺牲、不是割舍；给，是因为多出来了、满出来了，所以给。

如果我是妈妈，我需要那10万元办法会，我应当停下来，感受自己的内心，聆听自己的声音，察觉到自己在犹豫、挣扎，然后深吸一口气，面对自己，照顾自己，重视自己的情绪。

在这个时候，我应当转过身，清清楚楚地告诉朋友，我也需要这笔钱，没办法借给她。这时，我也许可以再等一等，再仔细听清楚，斟酌一下她的需要，然后衡量一下，在不影响自己生活的状态下，把剩余的、用不到的现金借出去。

如果有这个过程，我就是在"满出来"的状态下借钱，在丰足的状态下给予；我就不会边恨边给，边怨边借。这才是快乐的给予、平衡的给予。

借钱出去时，先问自己为什么

每个人的内在，都有一座小森林。很多东西被森林掩盖了，自己都看不清楚。

我示范给你看，当你要把钱借出去的时候，连续问几个"为什么"，拨开森林遮蔽的枝丫，看清你的动机。

你为什么想借这 10 万元？

回答：我想帮助朋友。

你为什么想帮助朋友？

回答：这朋友认识很久，我们交情很深。

你为什么想帮助一个认识很久、交情很深的朋友？

回答：我觉得大家认识那么久，交情那么深，如果我不帮，那她会讨厌我……

你为什么怕她会讨厌你？

回答：因为她讨厌我，我就很难过……

为什么她讨厌你，你会难过？

回答：因为……我需要她，她是少数之一会停下来听我说话的朋友。

连续追问"为什么"，能帮你看清你的内在到底有什么意图。你要完全接纳、放松自己的想法，想到什么，就写什么、说什么。如果你足够放松，连续追问"为什么"，就能浮现你隐藏着的"内在原因"：你是为了怕被孤立、怕被议论；你也许是怕没面子、别人会讨厌你；你也许是真的关心他、在乎他……不管什么原因，只有看清楚了，才能敏感地察觉、检讨、回应。这个时候，你的回应会是内外一致的、没有冲突的、平衡的、真心的。你的内在，才会真正感到安全。

第12章

责任原则：
先为自己负责，再满足他人

3 年前，我在上海遇见来自台湾的企业管理人员 S。她告诉我，32 岁结婚前，她爸爸突然买了一套房子欠下一笔贷款，首付、贷款都要她出钱，虽然房子登记在她名下，但弟弟、妹妹、未过门的弟妹都住在里面。

S 说，房子登记在她名下，但地点、房型、居住环境都是为了其他人打造的，她估计自己不会去住，弟弟、弟妹住在里面，即使未来父母过世，她也不敢把房子收回去（显得不近人情）。S 说，对于这种家庭责任，不答应显得无情，答应了又气喘吁吁，很有压力。

就在去年，S 怀孕了，先生却被裁员，一时失业。

S 是个负责任的女儿，但是她看着先生愁眉苦脸，心底感到愧疚，于是开口请爸妈暂时接管房贷，让弟弟、妹妹一起还钱。

她一提出来，家里就炸开了锅。爸爸在饭桌上第一个跳出来，愤怒地咆哮：

"我养你这么大，你就是这么回报我们的吗？"

"还不起？还不起是什么意思？你不是上个月还去日本

玩了吗？没钱怎么能去玩啊？"

"你怎么可以不负责任呢？房子是你的名字耶！以后也是你的耶！你要存钱，这房子不是帮你存了吗？"

而 S 的妈妈在她说不想再付房贷的时候，不骂人，只是歇斯底里地一直哭，说自己没有把 S 教好，让 S 变成自私的人（这一幕是不是很常见）。

吃完饭，S 落荒而逃。她抽抽噎噎，极度委屈地告诉我，她搞不清楚，自己自食其力，花钱去日本犒赏自己，到底有什么错？ S 哭着问我，是不是收入比较高，就要背负其他人的生活？她怀疑，自己是不是太自私了？

我听了，只能拍拍她的手，安慰她，不是她的错。

责任是什么？责任像河流两边的堤岸，引导着水流，灌溉田地，生养果实；它是行为和欲望的界线，领着我们做"应当做的事"，扛"应承担的任务"，达成"应完成的使命"。责任，就是指示。

很多年来，是父母告诫我们责任的内容——好好工作、自食其力、奉养父母、维持稳定的婚姻、生养一两个小孩。父母以呵斥、命令、威胁的姿态，像在河边筑起两道堤岸一般，引导我们的能量，去往他们指向的田地，灌溉成林。

这么多年，我一直感到好奇，"责任"像块匾额一样，挂在每个人的头上，为什么却从没有人提出这些问题：

1. 背负责任的**目的**是什么？
2. 背负责任的**对象**包括谁？
3. 背负责任的**顺序**是什么？

想到这三个问题，我陷入了沉思……

责任的目的是什么？是让自己过得更好、过得更快乐，更有目标。比如说，我想学会理财，于是我决定记账。当我决定记账的时候，我对每天记录开支、收集发票这件事，就有了"责任"。责任，让我"受力"，让我"承担"。我必须耐着性子，花时间、花力气，不断给自己打气，忍耐枯燥，维持纪律，达成目标。最终，我因负起了"记账"的责任，存住了钱，过得更好了。这是责任的目的，责任是为了让自己幸福。

那么，责任的对象包括谁呢？

首先，我们该担负的责任，就是自己，自己想买的房子、想做的职业、想拥有的生活节奏、休闲方式、自己的成长、自己家庭的开支、自己孩子受到良好的教育。我们要为自己负重、承担、受力、前行。我们活着，首先必须为自己的生活负责，背负自己的背包，为自己的欲望、理想，奋斗推进。

其次，我们该担负的责任，包括家人、亲戚、朋友，以及地球上与我们有联结的其他人，这些人都是我们的责任。

但是，首先背负自己，其次背负别人；别人也是首先背负自己，其次背负别人。我们对自己的生活负责；别人对他们自己的生活负责。每个人背着自己的背包，手拉着手，向上攀登，直到登顶……这是爱，这是联结。

人跟人之间，第一个责任，也是唯一的责任，是爱，不是钱。爱是一种绝对的自我中心，是在一种被满足、被保护、被包围的状态下，沉稳、安定地行动着。你一定要先承担自己的责任，让自己满足。当你充满了爱，才能去满足别人，这时你才是给予者，不是乞求者（乞求别人关注我、重视我）。

人与人之间、家人之间，要爱对方，不是成为对方——我们不能代替家人思考，代替家人实现愿望（你有自己的愿望，不是吗？），代替家人还房贷（你有自己想买的房子，想过的生活，不是吗？），代替家人承担他们人生的失意和失望（那是他们的经历，不是吗？）……爱你，不是成为你。

如果我是 S，毕业那年我会拒绝背上房贷，那是别人的背包、别人的责任，S 不是耶稣，S 不该背着十字架、手铐脚镣负重前行；那不是爱，那是顺从，也是扭曲。

我能想象，S 说出"我不还了"的时候，她的心底一定很有压力。那是一种愧疚感，一种"内心的定罪"，像惩罚自己似的，说自己很无情、很坏。承受那种压力，一定非常痛苦。如果爸爸妈妈再跳出来，跟着骂"你不孝""你自私"，那么 S 的内心一定承受更大压力与痛苦。

愧疚感，大概是世界上最难处理的情绪。

愧疚感来自内在，来自我们小时候学过的规则、教条，要抵抗它，得很有决心。因为它根深蒂固，来自内心。

我自己生长在"没有界线感"的家庭，对 S 的处境，感到同情。我能理解 S 的难处，理解她承受的压力，但我始终觉得，我们能坚持住，为自己做点努力。

我们应察觉自己的愧疚感，察觉自己脑子里"你很差""你很自私""你不孝"的声音，然后退一步，像旁观者一样，看待自己的处境，检查自己的"声音"；辨认出爸妈、亲人的"操纵语言"，试着在心底为自己打气。

我相信，如果我们不能控制、察觉愧疚感，安顿自己的内心，我们面对这种情境，就会陷入挣扎、愤怒、纠结里，最终破坏爱与信任感，得不偿失。

我们该让别人知道，你是你，他是他。由你控制自己，即使一切并不容易，也值得努力。

与家人建立健康的财务界线

我知道，有些人在你说"不"的时候，就是"听不懂"。对他来说，你说"不"，代表"也许"，而"也许"就是模糊的"是"。

我也知道，有些人在你说"不"之后，仍步步紧逼，甚至孤立你、威胁你、冷淡地对待你，挟持你的意志，让你软弱，逼你就范。这个时候，我们该怎么办呢？

好吧，我得承认，这类人特别棘手，如果你遇上了，就得升级装备，越级打怪。接下来是我得出的经验，与你分享。

辨认

这类不听别人的需要、一味指责别人、批评别人不负责任的人，通称为"控制者"。

控制者分成两个类型：1.侵犯型控制者；2.操纵型控制者。两者，都不难辨识。

1. **侵犯型控制者**：他们就像一辆坦克，硬要从别人的"篱笆"碾过去，无视别人树起来的界线。他们就像S的爸爸，会在S说不想再付房贷的时候，破口大骂，暴躁、愤怒。他们会勾起别人的恐惧感。

2. **操纵型控制者**：他们的操控方式比较隐晦。比如S的妈妈就是操纵型的控制者，她对S所说的话会让S难过得不知道怎么办才好。这类控制者，会否认自己的自我中心，用诱导的方式，而不是侵犯或暴力的方式，让别人承担自己的担子。他们会勾起别人的愧疚感。

记住，让你有恐惧感，他就是侵犯型；让你有愧疚感，他就是操纵型。不管哪一种，都在企图控制你。

控制者	引起的情绪
侵犯型	恐惧感
操纵型	愧疚感

攻击

你知道这两种类型的控制者会说出什么样的话吗？以下是各种典型 *：

威胁	你是要我死在路上是不是？
	你不帮忙，以后不要再踏进这个家门一步。你给我滚！
	你要毁了这个家吗？
	我要和你断绝父子（母子）关系！
	我会让你后悔。
	我要你付出代价！
贴标签	我真的不敢相信，你这么自私！这一点也不像你！
	你只想到你自己！我呢？我怎么办？
	我以为你跟其他人不同，我错了！
	不知道孝顺父母，你还是个人吗？
	你无情无义。
	你长大啦！翅膀硬啦！就可以丢下我啦！
诱导回应	你怎么可以这样对我？在我为你付出了这么多之后？
	你为什么要毁了这个家？
	你为什么那么自私（固执、倔强、不懂事）？
	你是哪根筋不对？
	你为什么要伤害我？
	你疯了吗？干吗那么小气？
沉默	不跟你说话，沉默。

---

* 部分对话参考《情感绑架》（*Emotional Blackmail*）一书，部分出自我
自己累积的经验。

接下来，是我提供给你的恰当回应，这种回应能控制"界线"，又能不伤害对方，内外一致，而且坦承：

回应秘技

威胁	你是要我死在路上是不是？ 我希望你不要这么做，但我已经决定了。
	你不帮忙，以后不要再踏进这个家门一步。你给我滚！ 这是你的决定。
	你要毁了这个家吗？ 等明天你不再那么生气的时候，我们再谈，好吗？
	我要和你断绝父子（母子）关系！ 我知道你现在很生气，但是我希望你冷静一下，再想一想。
	我会让你后悔。 恐吓我没有用。
	我要你付出代价！ 我很遗憾你这么不开心。
贴标签	我真的不敢相信，你这么自私！这一点也不像你！ 你可以有自己的看法。
	你只想到你自己！我呢？我怎么办？ 我想，事情对你来说就是这样。
	我以为你跟其他人不同，我错了！ 好吧。
	不知道孝顺父母，你还是个人吗？ 也许你是对的。
	你无情无义。 你继续攻击我也没用。
	你长大啦！翅膀硬啦！就可以丢下我啦！ 很遗憾你这么不高兴。

	你怎么可以这样对我？在我为你付出了这么多之后？
	我知道这件事让你不高兴，但我决定了。
	你为什么要毁了这个家？
	我知道你生气，但是我对这件事没有让步的空间。
诱导回应	你为什么那么自私（固执、倔强、不懂事）？
	我们之中，没有人是坏人。只能说，我们要的不一样。
	你是哪根筋不对？
	我们角度不同，立场不同。
	你为什么要伤害我？
	很遗憾你这么生气。
	你疯了吗？干吗那么小气？
	我知道你会这么想，但是我决定了。
沉默	不跟你说话，沉默。
	不要被吓到。不要求他们说话。
	告诉他们，你知道他们很生气，并且清楚地说明，你能帮上什么忙。比如：我能资助你 10 万元，这是我刨除应急资金、养老金和房贷后，好不容易存下来的 10 万元，我可以先借给你，这是我能做的了。担负起你的房贷，这不是我的责任。

第13章

不『一』原则：
不只归咎一个人，还有关系人

要把一颗蛋煮熟，需要很多条件，如图 13-1 所示：我们得有一颗蛋，得烧开一锅水，得有一个炉子，一个点火器，一双把蛋放进锅子里的手，煤气、空气、承载煤气灶的地板……如果再想想，每一个条件，比如一颗蛋，又得需要四到五个条件才能达成：一颗蛋，需要一只健康的母鸡，母鸡得有安全的鸡窝，得有饲料，饲料必须有人制作，蛋必须有人拿出来，运送到货架上……仅仅是一颗蛋，就得有好几个条件才能出现。

我们往往没有注意，仅仅煮熟一颗蛋，都需要那么多"条件"；但当一件坏事发生的时候，却只怪一个人。

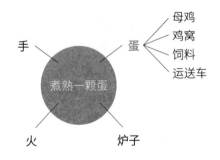

▲ 图 13-1　煮熟一颗蛋所需的部分条件

假如你走进一个房间，房间到处丢满了纸屑，一个孩子嘴上满是胡萝卜泥，一脸无辜地望着你。

这时你发怒了，你对着孩子咆哮、叹息着，指责他把房间弄乱了。

但是，真是他一个人把房间弄乱了吗？

你没注意到的是，整个房间里，刚刚还塞满了其他人，还有其他的孩子、玩忽职守的老师，甚至是把孩子送进房间，让他跟一群不受控的孩子待着的你自己，一起造成了混乱。

这不是一个人造成的，你却怪一个人。这是一种"有限的知识"，也是一种误解。

这种误解会让你停留在愤怒里。你会以为，这一切的痛苦都是一个人造成的。当我们把愤怒怪到一个人的头上，你的愤怒就会没完没了。你有没有发现，当我们咒骂"他为什么这样对我"时，脑子里会浮现更多的画面，变得更加愤怒，情绪也更加激烈。我们企图用"想"来解决问题，却反而越想越复杂、越想越气，这个过程让我们把问题变复杂、变严重了。

回想起来，我的叔叔欠赌债，造成我的家庭长久的压力和损失，我只责怪叔叔，却没看到，奶奶当年也许心疼孩子失去听力，对他特别呵护、特别照顾；她的初心也是舍不得，她只是无法预见叔叔被呵护、照顾后养成的赌博习惯。在习惯养成后，她也无能为力扭转什么。对奶奶来说，她也只是尽了能尽的责任，给了能给的爱而已。而叔叔染上赌博恶习，跟赌场的经营者、环境、朋友都有关系，是好几个人，甚至好几十个人，让叔叔停不下来，变得不负责任；这不是"一个人"的事情，是"很多人"的事情。理解这一点、察觉这一点，我们才能变得宽容、谅解、开放与慈悲。

不"一"，是一种圆融的、全面的观点。这是一种"抽离"的角度，让我们像俯瞰峡谷一样，看到罗列的巨石、河川的走势、回溯溪流的源头，全观地理解激流是怎么扬起的。这是一种检视，也是一种旁观。我们了解到任何事件都是许多人层层叠叠、互相拉扯、互相影响的结果，这时，巨大的信心与力量，巨大的理解与慈悲，将从内在提升，你才会有力量与信心，去面对情境。

觉醒之后，才能升华。

这个过程，就像看着一个火圈。

对小孩子来说，火圈让人激动，火圈让他们尖叫、拍手、兴奋，成年人却不会。

某种程度上，成年人辨认得出来，这是一只转动的手拿着一个燃烧的火把。他知道手停了，圆圈就消失了，他不会那么激动、那么兴奋、那么愤怒。这就是不"一"原则——不只怪罪"一个人"，不归咎于"一个人"，让我们理性、稳定，带着理解力与洞察力，穿越愤怒之火。

思考财务界线的关系人

仔细思考，造成你痛苦的金钱界线事件，有哪些关系人？

你的金钱界线事件是什么？

比如：婆婆要求每月 5 万元孝亲费，让我很困扰。我和先生吵架很多次，但是先生的回应很消极。他似乎避免去谈这个问题。

绘制主题

用简单几个字，描述你的重点，之后圈起来。喜欢的话，也可以画出代表主题的图形，这样可以激发联想力。

比如：每月 5 万元孝亲费，如图 13-2 所示。

▲ 图 13-2　以"5 万元孝亲费"为主题

影响主干

列出造成这个事件的主要原因，大概 6~8 个。问自己有哪些人、哪些事情、哪些因素，造成这件事的发生，如图 13-3 所示。

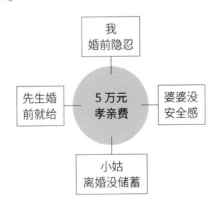

▲ 图 13-3　5 万元孝亲费的主要因素

分支

在主干下，再写出影响分支，也就是哪些因素又造成这些主干发生了，如图 13-4 所示。

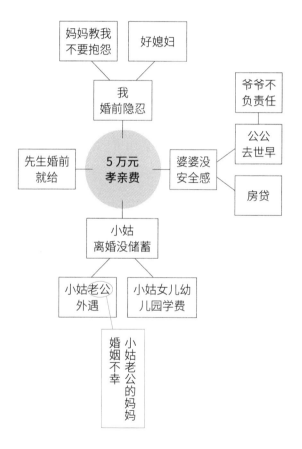

▲ 图 13-4　5 万元孝亲费的次要因素

切记，一个错误，不是"一个人"的错误。我们要俯瞰整个因果，要相信，只要你"松动了"整个结构，让自己成为第一个脱落的部分，整个结构就散开了。

所有的关系、所有的烦恼，都有拆开、重组的契机。提升觉察力，就会产生力量。

画出自己的图，激励自己。做第一个改变的人，就有可能改变所有人的命运。

PART 4

理性与感性的
内在纠结

¥

第14章

不帮，就是自私吗？

我要在此坦白。

13 年前，当我拒绝担负大哥卡债的时候，非常焦虑。

我和未婚夫的处境，让人沮丧：我们有 160 万元的存款，没有小孩，双方父母都没有储蓄，兄弟姐妹无能为力，只有我们能帮，只有我们不能不帮。

那些日子以来，我像把拉满的弓，耸着肩，扁着嘴，用一根细细的钓鱼线，拉着一个沉到海底的大铁锚，纠结着放不放手。每次挣扎，都让我的身体和心理越来越紧绷。

我先生说，不帮大哥，就是自私。"你只顾自己！"他握住拳头，对着我背后空荡荡的墙壁高喊，"你自私！"他说着爆出一阵怒吼，就像举完 60 千克的哑铃。

当年，我没回应。我记得，每次这样的评论，总能让我焦虑。

我怀疑，我真的怀疑，坚持不还卡债的自己，是不是真的"只顾自己""以自我为中心"？我怀疑，自己是不是人格有缺陷，道德有瑕疵，价值观有问题？我的大脑喋喋不休，我感到心虚。

我记得当年，好朋友知道大哥欠了卡债，苦口婆心，给了我"良心的建议"。他告诉我："这是你的家人，你的责任，你不能不背，不能不承担，你要懂事、要识大体。"听到这里，我浑身绷紧，绷得脸都疼了。

5秒……10秒……20秒过去了。我正准备说话，朋友又开口了："你怎么能在家人有困难的时候，还能出国、进修、买包包、买衣服？他在受苦，你怎么能心平气和地享受？我知道你辛苦了，但你不能只想着自己啊？"

听到这里，我突然被吓着了，羞愧感像一条钢线，直直钻入我的背脊，让我窒息。

这个说法，让我感到压抑。在大脑里，我突然浮现一个上幼儿园的孩子和一个幼儿园老师，两个模糊的影子。

自私是什么？

自私，是指一个人只关注自己的需要，不关心别人的需要；只看得见自己，看不见别人。就像许多幼儿园的孩子，会把自己的玩具藏在怀里，握在手里，不分享、不给予，有人抢夺，他就尖叫、暴怒、哭泣、抗拒，这叫"以自我为中心"，这叫"自私"。自私，是只看着自己。

如果有个幼儿园老师，一样把玩具藏在怀里，握在手里，不分享、不给予，但她的动机是为了保护幼儿园的孩子们，不会因为争夺玩具受伤、尖叫、打架，所以她藏着、掖着，像母鸡抱着一颗蛋，不满足孩子的欲望，不分享、不给予。这时候老师关注的，不但有自己，还有别人：有幼儿园、有园长、有家长……藏玩具的老师，非常警醒、非常敏锐，她不只看着自己，也看着别人，那么她就不是"自私"，而是"有界线"：

人格	特质
自私的人	看不见别人
有界线的人	看见别人，看见自己

想通这点，回头来看，我认为，当年坚持不还家人卡债的自己，如果动机是为了所有人，为了长久的益处，我的行为就绝不是"只顾自己""自私""以自我为中心"。

事实上，如果我像一个藏玩具的幼儿园老师，看着所有人的需求，看着所有人的欲望，做出公允、恰当、符合长期利益的决定，那么，我不还大哥的卡债，不但有智慧，而且有勇气，我该把自己视为"有界线"的人，不需要自责，不需要焦虑。对待所有的批评，我应该学着拉开、举起来、放地上、踢出去。

回想起来，这是我当年应该早要学会却没学会的事。我既感慨，也心疼自己。

爱，让我们脆弱，让我们被操控、被支配、被奴役。

拒绝敌人很容易，拒绝你爱的人却很难。假如背着"自私""只顾自己"的批评，要横着心拒绝，只会更难。

我想告诉你，我知道你很挣扎、很痛苦，就快撑不住了，但是我们不能放弃。

记住，我们的生活是我们的责任，过好自己的生活，不应当感到愧疚。

我们要照顾自己，我们要旅游、买自己喜欢的东西；我们应当正视自己的欲望、自己的需要、自己的未雨绸缪、自己的安全感。我们值得快乐，值得被爱，值得被珍惜。

在这个过程中，别人会说服你，说服你还他该还的房贷，还他该还的卡债，付他该付的旅费，给他想过的生活。我们必须忽略这些话，走自己的路，过我们该过的生活，经历自己的旅程，不浪费生命。

世界上，许多罪行、邪恶因爱而生，因此更要保持冷静。

第15章

不帮，就是不孝吗？

2006 年暑假，我觉得自己突然掉进一个恼人的噩梦里。

我和先生带着孩子，回到婆家。在婆家的客厅里，为了房贷的还款计划，先生和公公大吵一架。

公公的房贷已经拖了 10 年，他用土地抵押，在农地上盖起 250 平方米的农舍，农舍的建造与贷款，由儿子们一力承担。

刚开始，新婚的我们没有孩子，没有压力。我先生还年轻，我也还在读博士，所有的收入，左手进、右手出，没有太多顾虑。

2006 年后，压力大了起来。我们的孩子出生了，奶粉、尿布、保姆费，一样不能少；我娘家发生火灾，我每个月固定汇款，帮助家里渡过困难；我攻读博士学位到第四年，往返台湾的次数变多，机票费用每月多支出一到两万元……我和先生的每月收入，突然左支右绌。

公公不是没有钱。他有一块闲置的工业用地，空了 10 年，一直没卖。10 年前，他就打算卖掉这块地，清偿房贷。

但不知为什么，一拖再拖，贷款的利息一直在付，先生既是连带保证人，又要固定还贷。我们小夫妻没有积蓄、没有资产，压力逐渐累积，终于爆发出来——他们父子大吵一架，开始冷战。

我记得那一天，公公咆哮着："我养了你20年，你这样对吗？"他眼珠一翻，一边喷着鼻息，怒骂道："我白天在纸厂，晚上再去塑胶袋工厂，照顾农地、插秧、晒稻……你就这么跟我计较？不孝！你书读哪里去了！"他边骂边攥紧了拳头，我记得在那个时候，他还用厌恶的眼神扫了我们一眼。

"我没有不孝，"先生竭力控制住自己，"我们负担也很重的，你知道吗？"

"你会有报应！"公公突然爆发了，"奉养父母，天经地义，你们有压力？我没有？开这种口，不孝！"

我朝上瞪起了眼睛，脸上肌肉扭动着，像赤脚踩了火炉似的，喉咙哽咽着，尽力不哭出来。

说我们不孝，这不是实事。我竭力控制住自己，沉默了一会儿，结束了讨论。奉养父母，天经地义；我如果不还公公的房贷，就是不孝？

回家路上，公公的话像跑马灯似的，绕在我的大脑里。

压力下，我的思路变得异常清晰。我开始思考着、斟酌着，一路上琢磨着整个道理：

父母与子女之间，似乎不应有着"我年轻时养你，等我老了，你应当还我"的关系。你要知道，"有借有还"，那叫"借贷"；"不借不还"，那才叫"爱"。

爱是什么？

爱像礼物，礼物是为了庆祝你的存在，为了让你开心，在乎你、珍惜你，为了替你做点什么，没有任何目的。送你的东西，这是无条件地给予，无条件地付出，不期待你还回来。

只有债才需要还，而且要连本带利地还；而爱是不用还的，因为爱会"满出来"，能"给出去"，用也用不完。

父母与子女之间，没有债，只有爱。这种爱是自然的、没有压力的，不需要承诺，却一定会升起，这就是感激，也是信任。

如果有任何人让我接受他的"礼物"，却要求我偿还"债务"，那不是我该接受的，也不是我该服从的，我不应有愧疚感，那是他对爱的误解，是他对父母与子女关系的误解。我必须送走，我必须摆脱，不感到焦虑，不感到困惑。

经过这么多年，我才体会到，在父母与子女的金钱纠纷上，"孝顺"是个完美的借口。太多父母把自己的欲望、生活和梦想，放在孩子的背上，用"孝顺"操控孩子，让别人背自己的背包。

你必须勇敢，你必须挺起胸膛，为自己战斗。

很多时候，父母不是真的需要你，他们只是不负责任而已。

你要记住，真的遇到与我类似情境时，你必须分辨什么你能给，什么你不能给；如果父母威胁着要收回感情（骂你不孝），或者冷漠对待你（跟你冷战），记住，这是威胁，也是手段。你要往前站一步，不要后退，不要妥协。

这个世界上永远、永远都会有人爱你。

如果给你生命的人，让你不快乐了，让你背负了压力，你永远还能从很多关系里，得到快乐，得到给予跟爱，不要退缩，不要放弃。

跟自己站在一起。

第16章

不帮，害了他怎么办？

　　9 月的最后一天，像受到召唤，小 K 来找我。小 K 的哥哥欠下 32 万元的卡债，她前来咨询，想知道该怎么做。

　　起初，一切都很平静。小 K 解释自己的处境，声音沙哑，语调冷静；但突然之间，她开始无声地哭了起来。

　　"如果我不帮忙还，他怎么办？"小 K 低声啜泣，"如果他被黑道恐吓、骚扰，这样……这样的话……"她停住了，喉咙哽咽着，想尽力不号啕大哭。

　　"能帮多久呢？"我说着把手伸过桌子，紧紧握了握小 K 颤抖的手。"你已经帮好几次了，不是吗？"

　　"我知道他没有改，可这太恐怖了，老师，你不知道撒手不管的压力有多大。"小 K 竭力控制自己，用手掌擦了擦眼泪，双眼通红。我觉得，小 K 一定筋疲力尽了。"他如果出了什么事，我觉得是我害的。"

　　不帮忙还债，哥哥如果被追债、威胁、恐吓……就是小 K 害的吗？

　　突然之间，我眼睛湿润，若有所思。

　　再谈了一会儿，我结束咨询，转身在桌子上的一张白纸，大大地写下"伤害"两个字，用力画了叉叉。

伤害是什么？伤害是苦难。

苦难塑造我们，锻炼我们，使我们蜕变。

很多人告诉我，他在人生最黑暗的谷底，学会低头、敬拜、臣服。有个罹患癌症的朋友跟我说，从生病的那天起，她才懂得，怎么活着、怎么活得有意义。事实上，所有的伤害都隐含着善意，这是我切切实实的人生体会。

16年前，那场大火，看似是场重击。

我家的债务，雪上加霜；我的精神压力，陡然上升。我霎时受到伤害，而且是摧毁式的伤害。火灾之后，我才像大梦初醒一样，检视我的财务报表，检讨我的生活习惯，学习理财知识。通过学习，我才在原地提升，走出伤害，学到教训，拿到"礼物"。

人为什么会欠卡债？因为他习惯不好。

人为什么会欠还不起的房贷？因为他知识不足。

在我看来，每一个财务危机和财务伤害，都源于学习不足。因为不懂，所以受伤；因为不懂，所以受苦。我们该做的，是学会该学的东西，从苦难和伤害里，修正自己、认识自己，逐步向上。

我认为，人生靠努力是没有用的。人生中的所有问题，不像一道斜坡，不是往前努力，就会一路往上。人生中的所有问题，都像一道阶梯，突破一个难点，就往上跳一阶；突破不了难点，就原地一直跳、一直跳，跳不过去。为了跳过阶梯，我们要犯错，要承担，要学习。

人只有承受自己的苦难，真的懂了，才有可能学会该学的东西，修完该修的理财课学分，拿到该拿的"礼物"。

所以，不要自己挡自己，不要挡别人。记住，划出界线，不是害人。

界线是防御，而防御，不只为了自己。

结语
面对问题，不让亲情成为财务枷锁

你要知道，攻打敌人，非常容易；攻打家人，非常困难。

我们每一个人，都能拒绝一个陌生人，但对父母、家人、朋友，我们无法说不。

父母、家人抚养我们，朋友扶持我们，于我们有恩。拒绝他们，意味着更大的痛苦和更大的纠结："我怎么可以……那是我自己的爸爸啊……他养我长大……"

面对家人的金钱勒索，我们都会卡住。一种自责的情绪，会征服我们、击溃我们。其中的两难，比真实的战争更挣扎、更惨烈，更足以消耗心智，让人崩溃。于是，我们都想逃跑。我们想顺着父母、家人的意志，奴役自己、鞭策自己。但逃得越远，状况越糟。

还了爸爸的卡债，然后呢？他再欠，你再还？

付了弟弟的首付，然后呢？侄女的学费，你再给？

逃得越远，问题越大。不划界线，关系不会变得更好，而是更糟。我们必须打这场仗，挺身，迎向问题，向前。

在战争之中，你必须把你的战车，置于对立的"两军"中间。如果你已经在一边之中，你就无法看清两边。

站在中间，我们能看着"依赖的"那边，也看着"被依赖的"那边；看着"勒索的"那边，也看着"被勒索的"那边。站在中间，我们能看清楚真相、看清楚本貌、看清楚因果。在混乱中找到和谐，在纠葛中看清因缘，在压迫、勒索的事件中，洞察人性的软弱，这是智慧。

一个有智慧的人，将洞察全局，明白如何行动。即使行动会带出纠纷、带出困惑，但有智慧的人会承担责任，坦然接受结果。

我期待你困惑，我期待你行动。

每件事都有好的结局。每个冲突都是好的冲突。

当我们看到问题，想要解决问题时，我们已经战斗起来，我们已经迈向胜利，已经解脱。

不要等了。

起身，行动。

图书在版编目（CIP）数据

谈钱才不伤感情：直面家人、朋友的财务界线 / 李
雅雯著. — 北京：北京日报出版社, 2021.5
ISBN 978-7-5477-3427-8

Ⅰ.①谈… Ⅱ.①李… Ⅲ.①家庭管理 – 财务管理 –
通俗读物 Ⅳ.①TS976.15–49

中国版本图书馆CIP数据核字(2021)第043707号

著作权合同登记 图字：01-2021-0380号

本书由采实文化事业股份有限公司授权出版，限在中国大陆地区发行

谈钱才不伤感情：直面家人、朋友的财务界线

责任编辑：	史　琴
助理编辑：	秦　姚
作　者：	李雅雯
监　制：	黄　利　万　夏
特约编辑：	路思维　杨　森
营销支持：	曹莉丽
版权支持：	王秀荣
装帧设计：	紫图装帧
出版发行：	北京日报出版社
地　　址：	北京市东城区东单三条8-16号东方广场东配楼四层
邮　　编：	100005
电　　话：	发行部：（010）65255876
	总编室：（010）65252135
印　　刷：	天津中印联印务有限公司
经　　销：	各地新华书店
版　　次：	2021年5月第1版
	2021年5月第1次印刷
开　　本：	787毫米×1092毫米　1/32
印　　张：	7.25
字　　数：	104千字
定　　价：	49.90元